학기별 연산 ⬛⬛⬛ ⬛⬛⬛⬛ 교육과정 완벽 반영!

바쁜
3학년을
위한

바빠

빠른
교과서
연산

스스로 집중하는
목표 시계의
놀라운 효과!

학교 진도
맞춤 연산 **3-1학기**

이지스에듀

저자 소개

징검다리 교육연구소 적은 시간을 투입해도 오래 기억에 남는 학습의 과학을 생각하는 이지스에듀의 공부 연구소입니다. 아이들이 기계적으로 공부하지 않도록, 두뇌가 활성화되는 과학적 학습 설계가 적용된 책을 만듭니다.

강난영 선생님은 영역별 연산 훈련 교재로, 연산 시장에 새바람을 일으킨 ≪바쁜 5·6학년을 위한 빠른 연산법≫, ≪바쁜 중1을 위한 빠른 중학연산≫, ≪바쁜 초등학생을 위한 빠른 구구단≫을 기획하고 집필한 저자입니다. 또한, 20년이 넘는 기간 동안 디딤돌, 한솔교육, 대교에서 초중등 콘텐츠를 연구, 기획, 개발해 왔습니다.

바빠 교과서 연산 시리즈 ⑤

바쁜 3학년을 위한
빠른 교과서 연산 3-1학기

초판 발행 2019년 1월 17일
초판 11쇄 2024년 12월 15일
지은이 징검다리 교육연구소, 강난영
발행인 이지연
펴낸곳 이지스퍼블리싱(주)
출판사 등록번호 제313-2010-123호
주소 서울시 마포구 잔다리로 109 이지스빌딩 5F(우편번호 04003)
대표전화 02-325-1722　　　　　　　　　팩스 02-326-1723
이지스퍼블리싱 홈페이지 www.easyspub.com　　　이지스에듀 카페 www.easysedu.co.kr
바빠 아지트 블로그 blog.naver.com/easyspub　　인스타그램 @easys_edu
페이스북 www.facebook.com/easyspub2014　　이메일 service@easyspub.co.kr

기획 및 책임 편집 정지연, 조은미, 박지연, 김현주, 이지혜 교정 최순미, 박현진 문제풀이 이홍주, 장선희 감수 한정우
일러스트 김학수 표지 및 내지 디자인 이유경, 정우영, 손한나 전산편집 아이에스 인쇄 보광문화사
영업마케팅 이주동, 김요한(support@easyspub.co.kr) 웹마케팅 라혜주 독자 지원 박애림, 김수경

이 책의 전자책 판도 온라인 서점에서 구매할 수 있습니다.
교사나 부모님들이 스마트폰이나 패드로 보시면 유용합니다.

ISBN 979-11-6303-045-4 64410
ISBN 979-11-6303-032-4(세트)
가격 9,000원

• **이지스에듀**는 이지스퍼블리싱의 교육 브랜드입니다.
(이지스에듀는 학생들을 탈락시키지 않고 모두 목적지까지 데려가는 책을 만듭니다!)

이번 학기 연산 준비 끝! 시간 효율성 최고!

조금만 공부해도 실력이 쑤욱~ 오르는 비법 3가지

☆ 이번 학기 수학에 필요한 연산을 한 권에 담았어요!

'바빠 교과서 연산'은 이번 학기에 필요한 연산만 모아 똑똑한 방식으로 훈련하는 '학교 진도 맞춤 연산 책'입니다. 제 학년 수준에 맞추어 실제 학교에서 배우는 방식으로 설명하고, 작은 발걸음 방식으로 차근차근 문제를 풀도록 배치했습니다.

이 책을 푼 후, 학교에 가면 반복 학습 효과가 높을 뿐 아니라 수학에 자신감도 생깁니다. 요즘 나온 새 교과서에 맞춘 연산으로 수학 실력이 '쑤욱' 오르는 기쁨을 만나 보세요!

☆☆ 3학년이 자주 틀린 연산 집중 훈련으로 똑똑하게 완성!

영양가 있는 음식을 먹어야 몸에 좋듯, 공부도 양보다 질이 더 중요합니다. 쉬운 연산을 반복해서 풀기보다는 내가 약한 연산을 강화해야 실력이 쌓입니다.

그래서 이 책은 연산의 기본기를 다진 다음 3학년 친구들이 자주 틀리는 연산만 따로 모아 집중 훈련합니다. 또래 친구들이 자주 틀린 문제를 나도 틀릴 확률이 높기 때문이지요. 또 '내가 헷갈린 문제'를 따로 적어 한 번 더 복습합니다. 이렇게 훈련하면 적은 시간을 공부해도 연산 실수를 확실히 줄일 수 있습니다. 5분을 풀어도 15분 푼 것과 같은 효과를 누릴 수 있는 거죠!

친구들이 자주 틀린 연산을 연습하니 더 빨라!

☆☆☆ 목표 시계는 압박하지 않으면서 집중하게 도와 줘요!

각 쪽마다 목표 시간이 적힌 시계가 있습니다. 이 시계는 속도를 독촉하기 위한 게 아니에요. 제시된 목표 시간은 딴짓하지 않고 풀면 보통의 3학년이 풀 수 있는 시간입니다. 목표 시계와 함께 풀면 게임하듯 집중하여 풀게 됩니다. 시간 안에 풀었다면 시계의 웃는 얼굴 ☺에, 못 풀었다면 찡그린 얼굴 ☹에 색칠하세요.

이 책을 끝까지 푼 후, 찡그린 얼굴에 색칠한 쪽만 복습한다면 정말 효과 높은 나만의 맞춤 연산 강화 훈련이 될 거예요.

1. 이번 학기 진도와 연계 — 학교 진도에 맞춘 학기별 연산 훈련서

'바빠 교과서 연산'은 최근 개정된 초등 수학 교과서의 단원을 제시한 연산 책입니다! 이번 학기 수학 교육과정이 요구하는 연산을 한 권에 모아 훈련할 수 있습니다.

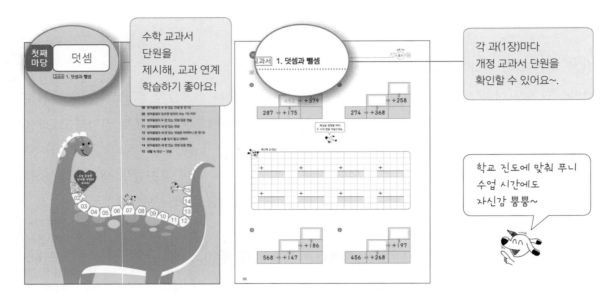

2. '앗 실수'와 '내가 헷갈린 문제'로 더 빠르고 완벽하게 익혀요!

'앗! 실수' 코너로 친구들이 자주 틀리는 연산을 한 번 더 훈련하고 '내가 헷갈린 문제'도 직접 쓰고 복습합니다. 약한 연산에 집중하는 것이 바로 시간을 허비하지 않는 비법입니다.

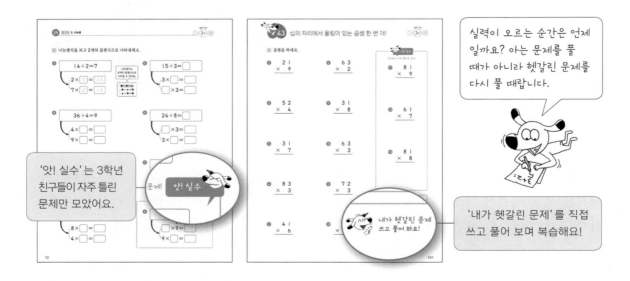

3. 공부 습관을 만드는 장치들: 자리 수 모눈과 목표 시계로 공부 습관을 잡아 줘요~

이 책에서는 자리 수가 중요한 연산 문제는 모눈 위에 쓰도록 편집되었습니다. 또 3학년이 충분히 풀 수 있는 목표 시간을 제시하여 집중하는 재미와 성취감을 동시에 느낄 수 있습니다.

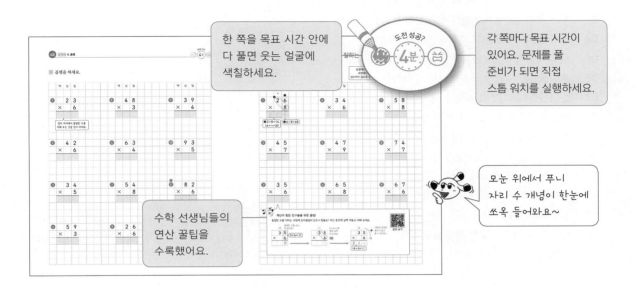

한 쪽을 목표 시간 안에 다 풀면 웃는 얼굴에 색칠하세요.

각 쪽마다 목표 시간이 있어요. 문제를 풀 준비가 되면 직접 스톱 워치를 실행하세요.

수학 선생님들의 연산 꿀팁을 수록했어요.

모눈 위에서 푸니 자리 수 개념이 한눈에 쏘옥 들어와요~

4. 보너스! 기초 문장제로 확인하고 다양한 활동으로 수 응용력까지 키워요!

시험의 절반 이상을 서술형으로 바꾸도록 권장하는 등 '서술형'의 비중이 점점 높아지고 있습니다. 따라서 연산 훈련도 문장제까지 이어 주면 효과적입니다. 각 마당의 공부가 끝나면 '생활 속 문장제'와 '맛있는 연산 활동'으로 수 감각과 응용력을 키우며 마무리합니다.

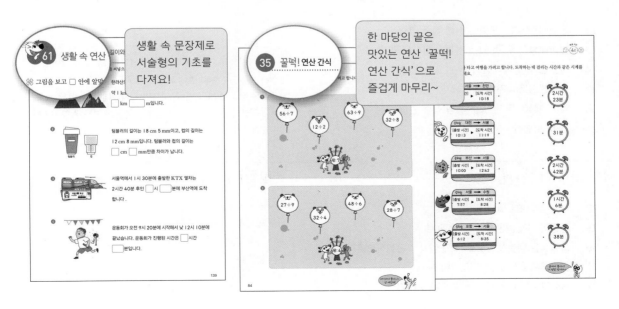

생활 속 문장제로 서술형의 기초를 다져요!

한 마당의 끝은 맛있는 연산 '꿀떡! 연산 간식'으로 즐겁게 마무리~

목 차

바쁜 3학년을 위한 빠른 교과서 연산 3-1

연산 훈련이 필요한 학교 진도 확인하기

교과서 1. 덧셈과 뺄셈

- 받아올림이 없는 세 자리 수의 덧셈
- 받아올림이 한 번 있는 세 자리 수의 덧셈
- 받아올림이 두 번 있는 세 자리 수의 덧셈
- 받아올림이 세 번 있는 세 자리 수의 덧셈

지도 길잡이 2학년 1학기에 배운 두 자리 수의 덧셈에 이어 세 자리 수의 덧셈을 배웁니다.
받아올림이 세 번 있는 덧셈까지 배우므로 어렵게 느낄 수 있습니다. 자리 수가 많아졌을 뿐, 한 자리 수의 덧셈을 세 번 하는 것과 마찬가지이니 차근차근 계산하도록 지도해 주세요.

교과서 1. 덧셈과 뺄셈

- 받아내림이 없는 세 자리 수의 뺄셈
- 받아내림이 한 번 있는 세 자리 수의 뺄셈
- 받아내림이 두 번 있는 세 자리 수의 뺄셈

지도 길잡이 세 자리 수의 뺄셈도 자리 수가 많아졌을 뿐, 두 자리 수의 뺄셈과 원리는 똑같습니다.
같은 자리 수끼리 뺄 수 없으면 윗자리에서 받아내림하고, 윗자리 수는 1만큼 작아진다는 것을 완벽하게 익히도록 도와주세요.

교과서 3. 나눗셈

- 똑같이 나누기
- 곱셈과 나눗셈의 관계
- 나눗셈의 몫을 곱셈식으로 구하기
- 나눗셈의 몫을 곱셈구구로 구하기

지도 길잡이 나눗셈은 실생활에서 흔히 접하는 과자나 도넛을 똑같이 나누며 나눗셈의 의미와 몫 등을 이해하도록 도와주세요.

교과서 4. 곱셈

• (몇십)×(몇)
• 올림이 없는 (두 자리 수)×(한 자리 수)
• 십의 자리에서 올림이 있는 (두 자리 수)×(한 자리 수)
• 일의 자리에서 올림이 있는 (두 자리 수)×(한 자리 수)
• 십의 자리, 일의 자리 모두 올림이 있는 (두 자리 수)×(한 자리 수)

지도 길잡이 2학년에 배운 곱셈구구를 바탕으로 (두 자리 수)×(한 자리 수)를 배웁니다.
올림한 수를 잊지 않도록 작게 쓰고 계산하는 습관을 들이는 게 중요합니다.

교과서 5. 길이와 시간

• 1 cm보다 작은 단위 / 1 m보다 큰 단위
• 길이의 합 구하기
• 길이의 차 구하기
• 1분보다 작은 단위
• 시간의 합 구하기
• 시간의 차 구하기

지도 길잡이 길이와 시간은 일상생활과 매우 친숙한 내용으로, 초등 과정에서는 주로 마지막 단원에 나옵니다.
시간과 길이를 같은 단위로 만들고, 같은 단위끼리 더하고 빼는 연습을 충분히 해야 합니다.

☆ 나만의 공부 계획을 세워 보자

나의 권장 진도 [　　] 일

나는?

☑ 이번 학기를 아직 배우지 않았어요.

☑ 초등 3학년이지만 수학 문제집을 처음 풀어요.

하루 한 장 60일 완성!

1일차	1, 2과
2일차	3, 4과
3~59일차	하루에 한 과 (1장)씩 공부!
60일차	틀린 문제 복습

나는?

☑ 지금 3학년 1학기예요.

☑ 초등 3학년으로, 수학 실력이 보통이에요.

하루 두 장 30일 완성!

1일차	1~3과
2일차	4~6과
3~29일차	하루에 두 과 (2장)씩 공부!
30일차	61과, 틀린 문제 복습

나는?

☑ 잘하지만 실수를 줄이고 더 빠르게 풀고 싶어요.

☑ 복습하는 거예요.

하루 세 장 20일 완성!

1일차	1~4과
2일차	5~8과
3~19일차	하루에 세 과 (3장)씩 공부!
20일차	60, 61과, 틀린 문제 복습

▶ **이 책을 지도하시는 학부모님께!**

1. 하루 딱 10분,
연산 공부 환경을 만들어 주세요.

2. 목표 시간은
속도를 재촉하기 위한 것이 아니라 공부 집중력을 위한 장치입니다.

목표 시간

3분

아이가 공부할 때 부모님도 스마트폰이나 TV를 꺼주세요. 한 장에 10분 내외면 충분해요. 이 시간만큼은 부모님도 책을 읽거나 공부하는 모습을 보여 주세요! 그러면 아이는 자연스럽게 집중하여 공부하게 됩니다.

책 속 목표 시간은 속도 측정용이 아니라 정확하게 풀 수 있는 넉넉한 시간입니다. 그러므로 학기 후에 복습용으로 푼다면 목표 시간보다 빨리 푸는 게 좋습니다. 또한 선행용으로 푼다면 목표 시간을 재지 않아도 됩니다.

♥ 그리고 공부를 마치면 꼭 칭찬해 주세요! ♥

오늘 공부한 단계를 색칠해 보세요!

☆ 받아올림이 없는 세 자리 수의 덧셈

백 ← 십 ← 일

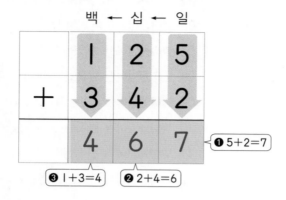

❶ 5+2=7
❷ 2+4=6
❸ 1+3=4

각 자리 수끼리
맞추어 쓰고 더해요.

☆ 받아올림이 있는 세 자리 수의 덧셈

① 받아올림이 한 번 있는 덧셈

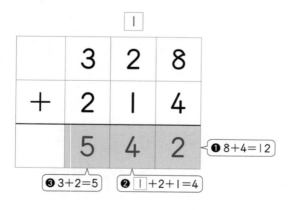

❶ 8+4=12
❷ 1+2+1=4
❸ 3+2=5

② 받아올림이 두 번 있는 덧셈

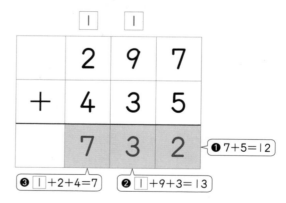

❶ 7+5=12
❷ 1+9+3=13
❸ 1+2+4=7

잠깐! 퀴즈

십의 자리 수끼리 더한 값이 10이거나 10을 넘으면 받아올림은 어떤 자리에 할까요?

① 십   ② 백   ③ 일

01 세 자리 수의 덧셈도 같은 자리 수끼리 더하자

❀ 덧셈을 하세요.

각 자리 수끼리 맞추어
일→십→백의 자리 순으로 더해요.

	백	십	일
❶	1	2	3
+	2	3	5
	3	5	8

❶ 3+5=8
❸ 1+2=3　❷ 2+3=5

❷	1	5	0
+	3	2	0

❸	2	7	0
+	3	2	7

❹	1	0	6
+	7	6	2

❺	3	1	2
+	2	6	3

❻	5	3	2
+	1	5	4

❼	6	4	3
+	2	2	6

❽	2	3	7
+	7	4	2

	백	십	일
❾	4	5	2
+	2	0	1

❿	5	4	2
+	4	3	7

⓫	6	1	5
+	3	7	2

⓬	8	3	9
+	1	3	0

목표 시간 2분

❀ 덧셈을 하세요.

	백	십	일			백	십	일			백	십	일
❶	3	1	5		❺	4	2	0		❾	5	5	3
+	3	6	2		+	1	3	8		+	1	2	4
❷	2	3	8		❻	5	6	1		❿	7	3	4
+	4	4	1		+	2	3	4		+	2	0	5
❸	4	0	2		❼	6	2	4		⓫	2	5	3
+	4	0	5		+	3	5	2		+	6	4	2
❹	6	1	5		❽	3	4	1		⓬	8	2	6
+	2	3	4		+	5	4	2		+	1	4	2

02 한 자리 수의 덧셈을 세 번 하는 것과 마찬가지

❀ 덧셈을 하세요.

일의 자리 수끼리, 십의 자리 수끼리, 백의 자리 수끼리 더해요.
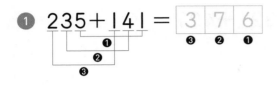

❶ $235 + 141 =$ | 3 | 7 | 6 |
        ❸ ❷ ❶

❼ $176 + 123 =$

❷ $290 + 102 =$

일의 자리부터 계산하는
습관을 들여야 좋아요.

❽ $352 + 326 =$

❸ $427 + 162 =$

❾ $314 + 253 =$

❹ $735 + 143 =$

❿ $455 + 331 =$

❺ $234 + 262 =$

⓫ $810 + 173 =$

❻ $664 + 324 =$

⓬ $642 + 135 =$

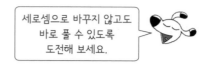

세로셈으로 바꾸지 않고도
바로 풀 수 있도록
도전해 보세요.

❄ 덧셈을 하세요.

① $194+302=$

② $332+246=$

③ $513+342=$

④ $473+324=$

⑤ $741+128=$

⑥ $274+514=$

⑦ $321+427=$

⑧ $472+214=$

⑨ $322+515=$

⑩ $723+145=$

⑪ $567+432=$

⑫ $623+354=$

03 일의 자리에서 받아올림한 수는 십의 자리로

일의 자리에서 받아올림한 수를
십의 자리 위에 작게 쓰고
십의 자리 계산에서 더해 줘요.

✂ 덧셈을 하세요.

	백	십	일

일의 자리에서
받아올림한 수
1

①

```
    1  2  6
  + 4  3  7
    5  6  3
```
← **①** 6+7=13
③ 1+4=5   **②** 1+2+3=6

⑤

```
    3  2  5
  + 2  4  7
```

⑨

```
    3  6  4
  + 4  2  8
```

②

```
    2  7  6
  + 1  1  4
```

⑥

```
    4  4  8
  + 2  3  6
```

⑩

```
    5  3  2
  + 3  4  9
```

친구들이 자주 틀리는 문제!   **앗! 실수**

③

```
    2  3  8
  + 3  2  3
```

⑦

```
    5  3  9
  + 1  5  9
```

⑪

```
    1  1  6
  + 7  7  5
```

조심! 앞에서부터 계산하면
실수할 수 있어요!

④

```
    4  2  7
  + 1  5  4
```

⑧

```
    2  8  5
  + 5  0  9
```

⑫

```
    3  4  8
  + 6  2  7
```

자리 수가 많아져서 계산을 두려워한다면 한 자리 수의
덧셈을 세 번 하는 것과 같다고 알려 주세요.

목표 시간
3분

덧셈을 하세요.

	백	십	일			백	십	일			백	십	일
①	1	4	2		⑤	2	4	7		⑨	3	6	8
	+ 2	1	8			+ 5	2	3			+ 2	2	9

②	3	5	4		⑥	2	3	8		⑩	8	3	6
	+ 4	2	7			+ 3	1	7			+ 1	4	5

③	4	3	7		⑦	4	2	9		⑪	7	4	8
	+ 2	5	6			+ 5	3	9			+ 2	4	6

> 문제 풀기 힘들죠?
> 다른 친구들도 받아올림이
> 있는 문제는 힘들게 푼답니다.
> 힘내요, 아자!

④	7	2	3		⑧	5	1	8		⑫	4	0	9
	+ 1	6	9			+ 3	7	5			+ 4	6	7

�֎ 세로셈으로 나타내고 덧셈을 하세요.

1 314+218

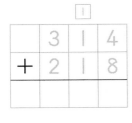

모눈에 각 자리 수끼리 맞추어 쓰고, 세로셈으로 계산해 봐요.

5 517+236

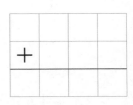

9 248+532

2 229+147

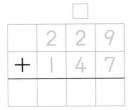

6 435+128

10 606+275

3 352+208

7 468+327

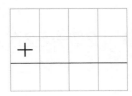

11 739+253

4 524+237

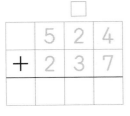

8 654+217

12 556+418

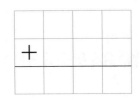

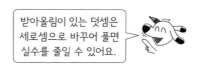

덧셈을 하세요.

1. $119+121=$

2. $234+148=$

3. $127+526=$

4. $427+139=$

5. $214+437=$

6. $349+438=$

7. $263+717=$

8. $509+216=$

9. $423+569=$

10. $472+308=$

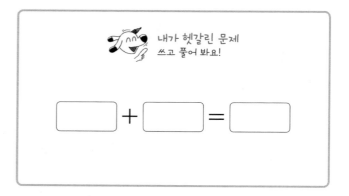

내가 헷갈린 문제
쓰고 풀어 봐요!

□ + □ = □

05 십의 자리에서 받아올림한 수는 백의 자리로

❀ 덧셈을 하세요.

	백	십	일					백	십	일					백	십	일	
	1←			십의 자리에서 받아올림한 수														
❶	1	5	2		❺		2	8	3			❾		3	6	4	
	+ 2	8	4			+ 1	4	2				+ 3	7	5	
	4	3	6	←❶ 2+4=6													

❸ 1+1+2=4   ❷ 5+8=13

❷	2	5	4		❻	2	5	0		❿	2	2	3
	+ 2	7	3			+ 3	9	8			+ 6	8	4

❸	4	3	2		❼	3	7	3		⓫	5	4	6
	+ 1	8	6			+ 4	6	3			+ 2	9	3

❹	3	7	1		❽	4	9	7		⓬	6	8	2
	+ 2	5	2			+ 4	8	2			+ 1	8	5

❈ 덧셈을 하세요.

	백	십	일
❶	2	3	5
+	1	9	0

	백	십	일
❺	3	3	4
+	2	9	3

	백	십	일
❾	4	5	1
+	3	5	6

❷	2	5	4
+	3	6	5

❻	4	9	0
+	2	8	7

❿	2	6	3
+	5	9	4

❸	3	6	2
+	3	7	2

❼	5	7	2
+	3	8	4

⓫	7	8	0
+	1	6	9

❹	4	8	3
+	3	9	5

❽	6	4	6
+	2	7	3

⓬	3	4	3
+	4	7	2

✂ 세로셈으로 나타내고 덧셈을 하세요.

① 342+263

	3	4	2
+	2	6	3

⑤ 352+375

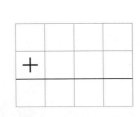

모눈에 각 자리
수끼리 맞추어 쓰면
계산이 쉬워져요.

⑨ 453+251

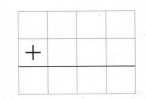

② 275+441

	2	7	5
+	4	4	1

⑥ 562+164

⑩ 465+353

③ 437+192

	4	3	7
+	1	9	2

⑦ 541+382

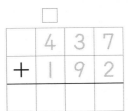

⑪ 276+692

④ 693+145

	6	9	3
+	1	4	5

⑧ 686+273

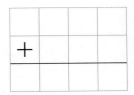

⑫ 764+174

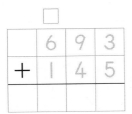

※ 덧셈을 하세요.

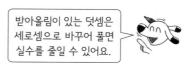

받아올림이 있는 덧셈은
세로셈으로 바꾸어 풀면
실수를 줄일 수 있어요.

① 175+132＝

② 213+192＝

③ 172+265＝

④ 453+183＝

⑤ 384+272＝

⑥ 362+486＝

⑦ 536+282＝

⑧ 569+170＝

⑨ 195+661＝

⑩ 296+542＝

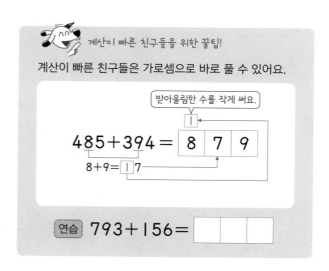

계산이 빠른 친구들을 위한 꿀팁!
계산이 빠른 친구들은 가로셈으로 바로 풀 수 있어요.

받아올림한 수를 작게 써요.

$$485+394= \boxed{8}\ \boxed{7}\ \boxed{9}$$
8+9=1 7

연습 793+156＝ □ □ □

07 받아올림이 두 번 있는 덧셈

❀ 덧셈을 하세요.

	백	십	일
	1	1	
❶	2	8	6
+	1	4	8
	4	3	4

❶ 6+8=14
❸ 1+2+1=4   ❷ 1+8+4=13

❷		2	7	9
	+	2	5	3

❸		3	7	4
	+	2	5	6

❹		4	4	9
	+	1	7	4

	백	십	일
❺	1	3	2
+	5	8	9

❻	4	7	4
+	2	6	8

❼	3	5	6
+	3	8	7

❽	5	2	5
+	2	8	9

	백	십	일
❾	2	6	3
+	4	5	7

❿	3	9	2
+	4	5	8

⓫	5	3	9
+	3	9	8

⓬	6	4	7
+	1	7	8

목표 시간 3분

덧셈을 하세요.

	백	십	일
①	2	5	3
+	1	7	9

	백	십	일
⑤	3	4	8
+	2	9	7

	백	십	일
⑨	4	7	7
+	1	6	6

> 십의 자리로 한 번,
> 백의 자리로 또 한 번!
> 두 번 받아올림해야 해요.

	백	십	일
②	1	6	8
+	3	4	5

	백	십	일
⑥	2	5	4
+	4	6	7

	백	십	일
⑩	5	4	6
+	3	7	5

	백	십	일
③	2	9	5
+	3	2	6

	백	십	일
⑦	4	8	1
+	3	3	9

	백	십	일
⑪	4	3	9
+	4	6	2

	백	십	일
④	4	9	7
+	2	3	9

	백	십	일
⑧	2	9	8
+	5	6	8

	백	십	일
⑫	6	8	5
+	2	3	7

목표 시간
3분

❀ 덧셈을 하세요.

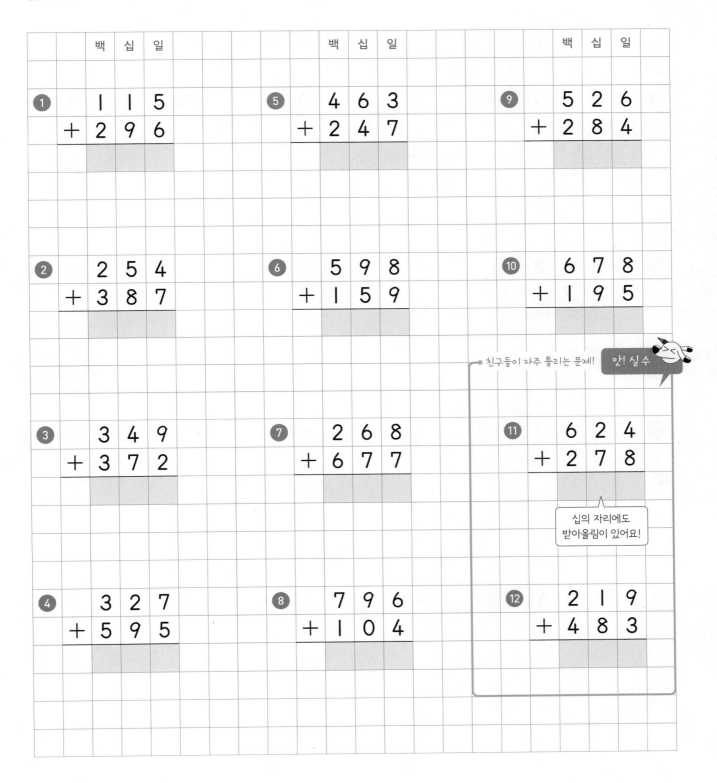

	백	십	일
①	1	1	5
+	2	9	6

	백	십	일
②	2	5	4
+	3	8	7

		백	십	일
③	3	4	9
+	3	7	2

	백	십	일
④	3	2	7
+	5	9	5

	백	십	일
⑤	4	6	3
+	2	4	7

	백	십	일
⑥	5	9	8
+	1	5	9

	백	십	일
⑦	2	6	8
+	6	7	7

	백	십	일
⑧	7	9	6
+	1	0	4

	백	십	일
⑨	5	2	6
+	2	8	4

	백	십	일
⑩	6	7	8
+	1	9	5

친구들이 자주 틀리는 문제! 앗! 실수

	백	십	일
⑪	6	2	4
+	2	7	8

십의 자리에도
받아올림이 있어요!

	백	십	일
⑫	2	1	9
+	4	8	3

목표 시간 3분

덧셈을 하세요.

	백	십	일
①	3	6	9
+	1	5	4

	백	십	일
⑤	4	2	9
+	1	9	6

	백	십	일
⑨	4	6	5
+	4	4	9

②	2	3	8
+	2	7	9

⑥	3	5	7
+	4	8	7

⑩	6	6	8
+	2	7	2

친구들이 자주 틀리는 문제! 앗! 실수

③	1	6	7
+	4	7	5

⑦	5	6	8
+	2	6	5

⑪	7	9	9
+	1	9	1

④	2	7	4
+	3	4	6

⑧	2	3	9
+	6	9	2

⑫	4	8	7
+	3	8	5

09 받아올림이 있으면 윗자리 수는 1이 커져

목표 시간 4분

※ 세로셈으로 나타내고 덧셈을 하세요.

❶ 124+198

1 1

	1	2	4
+	1	9	8

❷ 245+256

	2	4	5
+	2	5	6

❸ 158+573

	1	5	8
+	5	7	3

❹ 496+237

	4	9	6
+	2	3	7

❺ 379+155

+			

❻ 268+554

+			

❼ 698+215

+			

❽ 721+199

+			

❾ 239+284

+			

❿ 486+327

+			

⓫ 754+196

+			

⓬ 557+348

+			

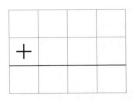

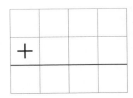

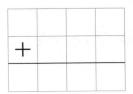

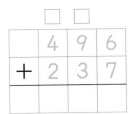

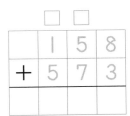

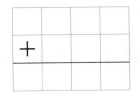

목표 시간 **4분**

❀ 덧셈을 하세요.

세로셈으로 바꾸어 풀면 실수를 줄일 수 있어요.

❶ 293＋129＝

❷ 186＋337＝

❸ 278＋265＝

❹ 389＋428＝

❺ 594＋336＝

❻ 777＋145＝

앗! 실수 친구들이 자주 틀리는 문제

❼ 407＋296＝

❽ 227＋678＝

❾ 348＋472＝

❿ 475＋299＝

계산이 빨라지는 신기한 비법
(세 자리 수)＋(몇백에 가까운 수)는 몇백에 가까운 수를 몇백과 몇으로 나누어 계산하면 편리해요.

475＋299 300보다 1 작은수
＝475＋300－1
＝775－1
＝774

10 받아올림이 두 번 있는 덧셈 집중 연습

❀ 덧셈을 하세요.

① 373
+158

② 395
+216

③ 289
+427

④ 138
+295

⑤ 243
+387

⑥ 145
+679

⑦ 352
+489

⑧ 568
+234

⑨ 437
+476

⑩ 679
+251

친구들이 자주 틀리는 문제

⑪ 357
+247

⑫ 438
+378

⑬ 699
+299

내가 헷갈린 문제 쓰고 풀어 봐요!

+

😸 빈칸에 알맞은 수를 써넣으세요.

1

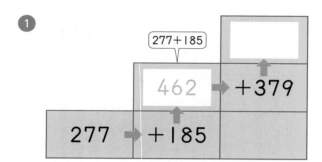

3

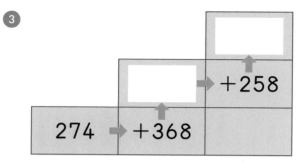

> 화살표 방향을 따라
> 두 수의 합을 써넣으세요.

계산해 보세요!

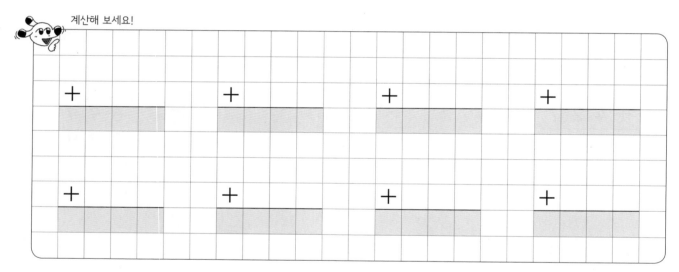

2

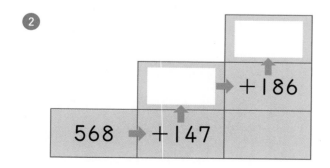

4

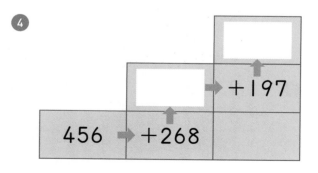

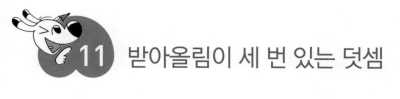

11 받아올림이 세 번 있는 덧셈

❀ 덧셈을 하세요.

	백	십	일
		¹	¹
①	2	8	7
+	9	3	5

❶ 7+5=12
❸ 1+2+9=12   ❷ 1+8+3=12

②		4	5	8
	+	5	6	4

백의 자리에서 받아올림한 수가 있으면 네 자리 수가 돼요.

③		5	6	7
	+	6	8	3

④		7	4	3
	+	3	9	8

백	십	일
⑤ 4	7	2
+ 7	4	8

⑥ 3	7	6
+ 9	3	5

⑦ 5	3	5
+ 7	8	9

⑧ 6	5	4
+ 8	7	6

백	십	일
⑨ 5	3	9
+ 8	7	6

⑩ 6	6	4
+ 7	5	7

⑪ 7	2	9
+ 7	9	8

⑫ 7	8	5
+ 9	2	7

31

목표 시간
4분

❀ 덧셈을 하세요.

여기까지 풀다니 정말 대단해요!
조금만 더 힘내요!

	천	백	십	일					천	백	십	일					천	백	십	일
❶		4	7	6			❺			5	6	7			❾			6	8	6
	+	6	7	9				+		5	7	4					+	9	9	5

	천	백	십	일					천	백	십	일					천	백	십	일
❷		5	7	4			❻			6	4	9			❿			8	4	3
	+	6	2	8				+		8	7	9					+	7	8	7

	천	백	십	일					천	백	십	일					천	백	십	일
❸		6	2	9			❼			8	3	7			⓫			9	1	2
	+	6	9	5				+		5	8	5					+	6	8	9

	천	백	십	일					천	백	십	일					천	백	십	일
❹		7	8	6			❽			9	5	9			⓬			7	6	8
	+	4	2	7				+		4	5	6					+	8	9	3

 **12** 받아올림이 세 번 있는 덧셈은 어려우니 한 번 더!

✂ 덧셈을 하세요.

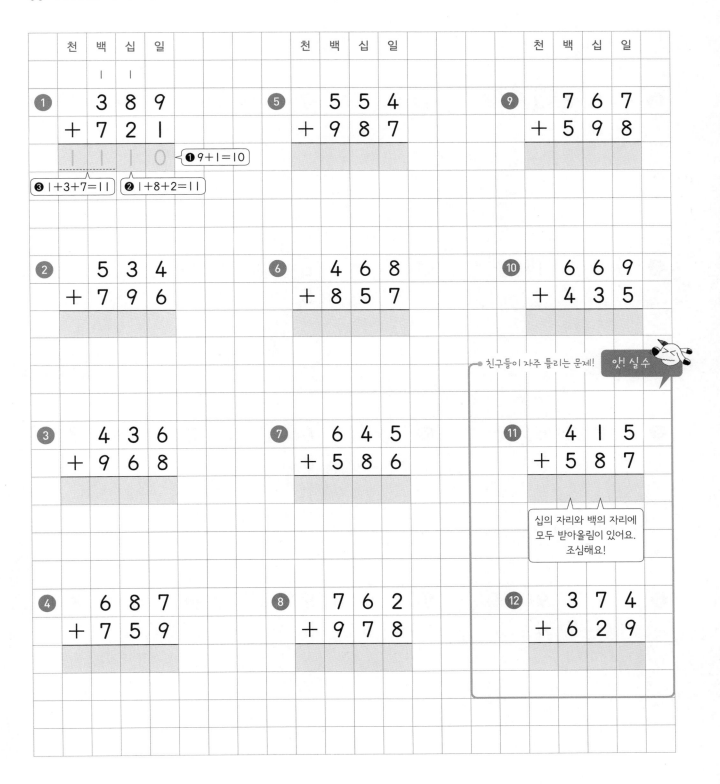

받아올림이 세 번 있는 세 자리 수의 덧셈은 실수하는 친구들이 많습니다. 틀린 문제를 ☆로 표시해 두고 다시 풀어 보면 실수를 줄일 수 있습니다.

목표 시간 4분

❀ 덧셈을 하세요.

	천	백	십	일
❶	5	8	3	
	+ 8	4	7	

	천	백	십	일
❺	7	5	7	
	+ 7	9	8	

	천	백	십	일
❾	8	2	8	
	+ 5	9	8	

	천	백	십	일
❷	7	9	1	
	+ 6	7	9	

	천	백	십	일
❻	6	1	8	
	+ 9	8	5	

	천	백	십	일
❿	5	8	7	
	+ 9	7	5	

친구들이 자주 틀리는 문제! 앗! 실수

	천	백	십	일
❸	8	8	6	
	+ 4	3	5	

	천	백	십	일
❼	8	3	6	
	+ 6	6	8	

	천	백	십	일
⓫	7	6	9	
	+ 9	8	7	

	천	백	십	일
❹	9	4	9	
	+ 3	7	6	

	천	백	십	일
❽	9	6	5	
	+ 8	7	5	

	천	백	십	일
⓬	9	2	8	
	+ 9	7	4	

13 받아올림한 수를 잊지 말고 더하자

✂ 세로셈으로 나타내고 덧셈을 하세요.

① 138+975

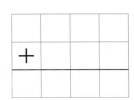

② 275+936

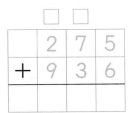

③ 347+897

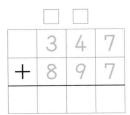

④ 489+625

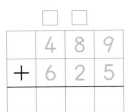

⑤ 567+758

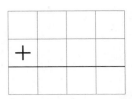

⑥ 759+289

⑦ 734+586

⑧ 899+213

⑨ 678+952

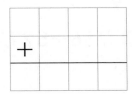

⑩ 894+587

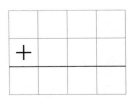

⑪ 942+479

⑫ 887+824

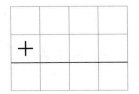

목표 시간 5분

✂ 덧셈을 하세요.

세로셈으로 바꾸어 풀면 실수를 줄일 수 있어요.

① 578+743＝

② 639+493＝

③ 786+527＝

④ 419+897＝

⑤ 954+698＝

⑥ 886+697＝

앗! 실수 친구들이 자주 틀리는 문제

⑦ 437+865＝

⑧ 248+972＝

⑨ 789+211＝

⑩ 379+686＝

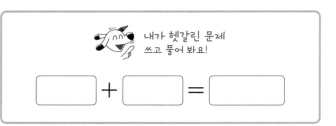

내가 헷갈린 문제 쓰고 풀어 봐요!

☐ ＋ ☐ ＝ ☐

목표 시간 4분

❀ 덧셈을 하세요.

①
```
   4 6 9
 + 7 4 8
```

②
```
   7 3 1
 + 6 8 9
```

③
```
   4 9 6
 + 8 3 5
```

④
```
   5 8 3
 + 9 4 7
```

⑤
```
   7 6 8
 + 8 9 6
```

⑥
```
   8 9 7
 + 3 2 6
```

⑦
```
   5 3 5
 + 4 8 9
```

⑧
```
   6 3 8
 + 8 6 7
```

⑨
```
   2 7 6
 + 9 5 6
```

⑩
```
   9 8 9
 + 5 7 8
```

 내가 헷갈린 문제 쓰고 풀어 봐요!

```
 +
─────────
```

주어진 조건의 도형 안에 있는 수의 합을 구해 보세요.

1

사각형 안 수의 합: 1234

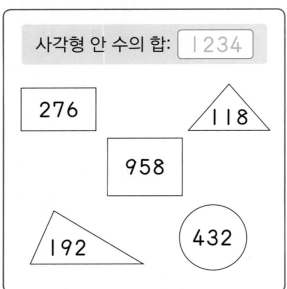

276

118

958

192

432

3

삼각형 안 수의 합: ☐

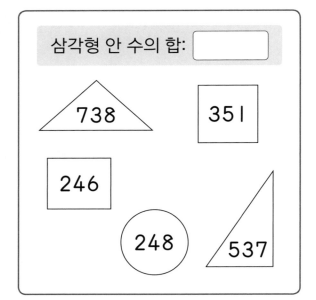

738

351

246

248

537

2

사각형 안 수의 합: ☐

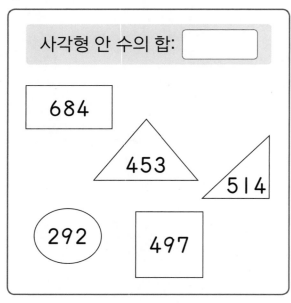

684

453

514

292

497

4

원 안 수의 합: ☐

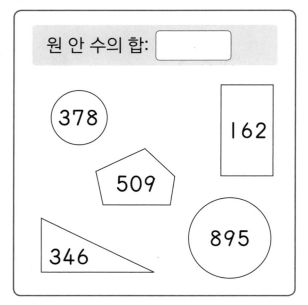

378

162

509

346

895

15 생활 속 연산 — 덧셈

✂ 그림을 보고 ☐ 안에 알맞은 수를 써넣으세요.

> 음식에 들어 있는 에너지를 말해요.
> 이 에너지로 운동을 하고 체온도 일정하게 유지해요.

1

햄버거
248킬로칼로리

감자 튀김
447킬로칼로리

*킬로칼로리는 열량을 나타내는 단위로
'kcal'라고 써요.

햄버거 열량은 248킬로칼로리, 감자 튀김은

447킬로칼로리입니다. 햄버거와 감자 튀김의

열량을 더하면 ☐ 킬로칼로리입니다.

2

사이다
355밀리리터

콜라
185밀리리터

*밀리리터는 액체의 부피를 나타내는 단위로
'mL'라고 써요.

사이다 355밀리리터와 콜라 185밀리리터가

있습니다. 사이다와 콜라는 모두

☐ 밀리리터입니다.

3

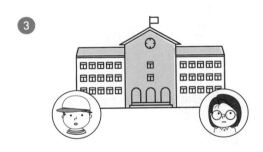

주원이네 학교 3학년 남학생 수는 157명이고,

여학생 수는 165명입니다. 주원이네 학교 3학년

전체 학생 수는 ☐ 명입니다.

4

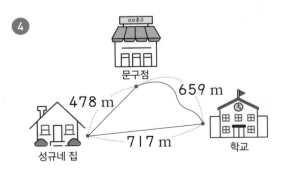

문구점

478 m   659 m

성규네 집   717 m   학교

성규네 집에서 문구점을 지나 학교까지의 거리는

☐ m입니다.

※ 민수네 집 주변에는 학교, 병원, 은행, 경찰서가 있습니다. 그 중 민수네 집에서 가장 가까운 거리에 있는 건물을 찾아 ○표 하세요.

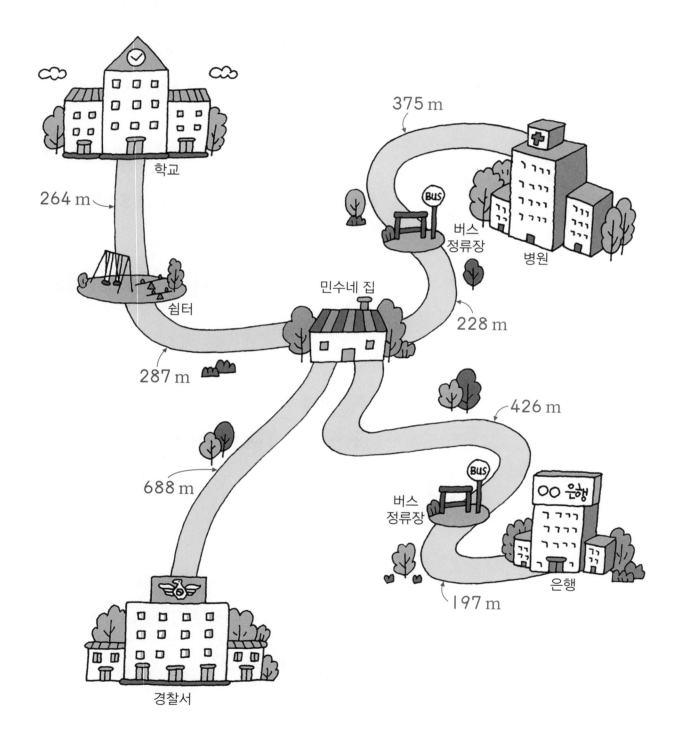

둘째 마당

뺄셈

교과서 1. 덧셈과 뺄셈

오늘 공부한 단계를 색칠해 보세요!

16 17 18 19 20 21 22 23 24 25 26 27

☆ 받아내림이 없는 세 자리 수의 뺄셈

백 ← 십 ← 일

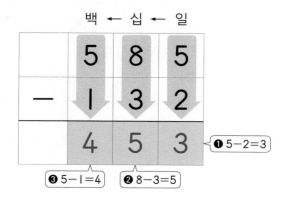

일의 자리부터 빼야 해요.

❶ 5−2=3
❷ 8−3=5
❸ 5−1=4

☆ 받아내림이 있는 세 자리 수의 뺄셈

① 받아내림이 한 번 있는 뺄셈

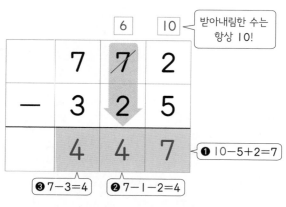

받아내림한 수는 항상 10!

❶ 10−5+2=7
❷ 7−1−2=4
❸ 7−3=4

② 받아내림이 두 번 있는 뺄셈

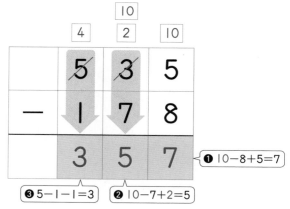

❶ 10−8+5=7
❷ 10−7+2=5
❸ 5−1−1=3

잠깐! 퀴즈

알맞은 말끼리 짝지어 놓은 것은 어느 것일까요?

☐의 자리 수끼리 뺄 수 없으면 ☐의 자리에서 받아내립니다.

① 일, 일　　　　　② 일, 십　　　　　③ 십, 십

16 세 자리 수의 뺄셈도 같은 자리 수끼리 빼자

목표 시간
2분

✂ 뺄셈을 하세요.

> 일, 십, 백의 자리
> 순서로 빼면서 계산해요.

①

	백 ← 십 ← 일		
	2	7	5
−	1	2	3
	1	5	2

◀ **❶** 5−3=2

❸ 2−1=1   **❷** 7−2=5

②

	3	5	7
−	1	4	0

③

	7	7	8
−	4	0	3

④

	6	5	4
−	4	3	0

⑤

	백	십	일
	3	9	8
−	2	7	6

⑥

	4	5	3
−	3	1	2

⑦

	5	8	6
−	2	7	4

⑧

	7	4	9
−	3	4	1

⑨

	백	십	일
	4	5	9
−	2	2	8

⑩

	7	2	6
−	5	1	5

⑪

	6	7	5
−	3	3	5

⑫

	8	2	8
−	5	0	4

목표 시간 2분

✂ 뺄셈을 하세요.

	백	십	일
①	4	9	8
−	1	4	6

	백	십	일
⑤	5	3	1
−	4	1	0

	백	십	일
⑨	6	7	9
−	5	4	2

②	5	7	8
−	3	2	1

⑥	6	4	8
−	1	1	6

⑩	8	7	8
−	6	5	4

③	6	2	7
−	2	0	5

⑦	8	6	7
−	4	3	2

⑪	9	6	3
−	1	1	2

④	7	8	9
−	2	3	4

⑧	9	8	5
−	5	7	3

⑫	9	8	6
−	7	3	6

목표 시간 2분

✂ 뺄셈을 하세요.

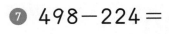

일의 자리 수끼리, 십의 자리 수끼리,
백의 자리 수끼리 빼요.

① $357 - 145 = \boxed{2}\ \boxed{1}\ \boxed{2}$
　　　❸　❷　❶

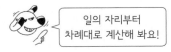

일의 자리부터
차례대로 계산해 봐요!

② $248 - 130 = \boxed{}\ \boxed{}\ \boxed{}$

③ $572 - 241 =$

④ $674 - 472 =$

⑤ $705 - 405 =$

⑥ $738 - 317 =$

⑦ $498 - 224 =$

⑧ $629 - 303 =$

⑨ $586 - 113 =$

⑩ $758 - 311 =$

⑪ $887 - 252 =$

⑫ $979 - 423 =$

※ 뺄셈을 하세요.

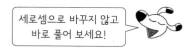
세로셈으로 바꾸지 않고
바로 풀어 보세요!

① 457−315＝

② 376−213＝

③ 576−354＝

④ 698−204＝

⑤ 892−531＝

⑥ 755−123＝

⑦ 689−112＝

⑧ 787−234＝

⑨ 929−617＝

⑩ 894−432＝

⑪ 883−352＝

⑫ 979−365＝

18 뺄 수 없으면 십의 자리에서 받아내림하자

목표 시간
3분

✂ 뺄셈을 하세요.

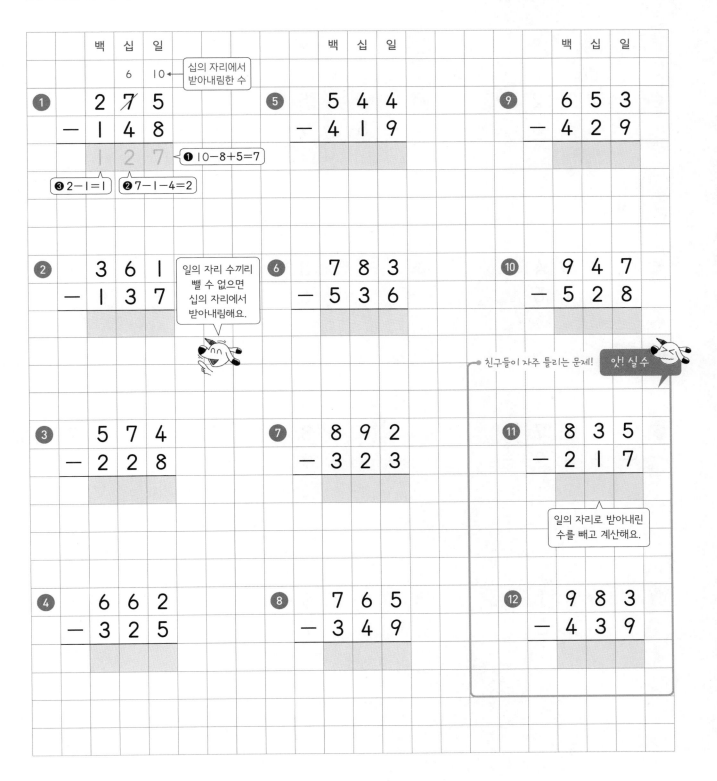

	백	십	일
		6	10	← 십의 자리에서 받아내림한 수

①
$$275 - 148$$
= 1 2 7   ← **①** $10-8+5=7$
③ $2-1=1$ **②** $7-1-4=2$

②
$$361 - 137$$

일의 자리 수끼리 뺄 수 없으면 십의 자리에서 받아내림해요.

③
$$574 - 228$$

④
$$662 - 325$$

⑤
$$544 - 419$$

⑥
$$783 - 536$$

⑦
$$892 - 323$$

⑧
$$765 - 349$$

⑨
$$653 - 429$$

⑩
$$947 - 528$$

친구들이 자주 틀리는 문제!   앗! 실수

⑪
$$835 - 217$$

일의 자리로 받아내린 수를 빼고 계산해요.

⑫
$$983 - 439$$

이번 학습에서는 십의 자리에서 일의 자리로 받아내린 후 십의 자리 수가 1만큼 작아진다는 것을 잊지 않고 계산하는 것이 중요합니다.

목표 시간 3분

뺄셈을 하세요.

		백	십	일
①		4	5	2
	−	2	3	6

		백	십	일
⑤		6	6	5
	−	5	1	9

		백	십	일
⑨		8	7	6
	−	7	2	8

		백	십	일
②		3	3	4
	−	2	1	5

		백	십	일
⑥		8	5	3
	−	4	4	6

		백	십	일
⑩		8	9	1
	−	6	8	4

		백	십	일
③		6	4	7
	−	2	3	9

		백	십	일
⑦		7	6	8
	−	2	3	9

		백	십	일
⑪		7	8	2
	−	4	4	3

		백	십	일
④		7	8	1
	−	4	5	3

		백	십	일
⑧		9	8	4
	−	3	1	7

계산이 빨라지는 신기한 비법

```
  7 8 ②    3−2=1
− 4 4 ③
      9
```
↰ 방향으로의 차가 1이면 답은 무조건 9!

목표 시간 4분

✿ 세로셈으로 나타내고 뺄셈을 하세요.

① 324−116

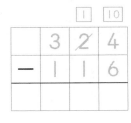

모눈에 각 자리 수끼리 잘 맞추어 써야 해요.

⑤ 470−125

⑨ 785−426

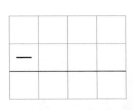

② 450−313

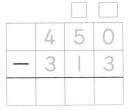

⑥ 528−419

⑩ 837−529

③ 242−125

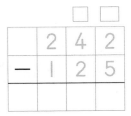

⑦ 933−716

⑪ 986−438

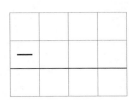

④ 571−342

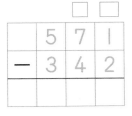

⑧ 765−538

⑫ 914−208

✂ 뺄셈을 하세요.

받아내림이 있는 뺄셈은
세로셈으로 바꾸어 풀면
실수를 줄일 수 있어요.

❶ $336 - 218 =$

❼ $694 - 386 =$

❷ $543 - 429 =$

❽ $786 - 327 =$

❸ $684 - 207 =$

❾ $892 - 438 =$

❹ $592 - 339 =$

❿ $953 - 234 =$

● 친구들이 자주 틀리는 문제!   앗! 실수

❺ $724 - 118 =$

⓫ $791 - 237 =$

❻ $975 - 446 =$

⓬ $827 - 609 =$

20 뺄 수 없으면 백의 자리에서 받아내림하자

✂️ 뺄셈을 하세요.

	백	십	일			백	십	일			백	십	일
	3	10		← 백의 자리에서 받아내림한 수									
❶	4̸	3	5		❺		5	5	8		❾	6	7	9
	− 2	6	2			− 3	6	4			− 4	8	3
	1	7	3	← ❶ 5−2=3									

❸ 4−1−2=1   ❷ 10−6+3=7

❷	5	2	7		❻	6	5	9		❿	7	1	5
	− 2	5	3			− 1	8	3			− 4	9	2

십의 자리 수끼리 뺄 수 없으면 백의 자리에서 받아내림해요.

❸	4	1	8		❼	8	4	7		⓫	8	8	8
	− 1	7	3			− 2	9	5			− 5	9	3

❹	8	4	9		❽	9	3	8		⓬	9	6	7
	− 3	6	7			− 1	7	2			− 6	9	2

백의 자리에서 받아내림한 수가 10인가요?
사실은 100이에요. 0이 생략되어 있어요.

```
  8 ⑩
  9̸ 6 7
- 6 9 2
  ─────
    7 5
```

10−9+6=7
↓
100−90+60=70

목표 시간 3분

❀ 뺄셈을 하세요.

		백	십	일				백	십	일				백	십	일
❶		5	7	6		❺		6	3	9		❾		7	6	7
	−	3	8	1			−	3	5	8			−	5	9	1

		백	십	일				백	십	일				백	십	일
❷		7	1	8		❻		5	2	4		❿		8	1	3
	−	4	7	4			−	1	6	2			−	6	8	2

❸		6	3	8		❼		8	2	7		⓫		7	7	9
	−	2	8	2			−	3	9	4			−	2	9	6

❹		8	0	9		❽		9	2	3
	−	4	2	2			−	2	8	0

계산이 빨라지는 신기한 비법

$$\begin{array}{r} 7\,7\,9 \\ -\,2\,9\,6 \\ \hline 8\,3 \end{array}$$

7−9처럼 뺄 수 없을 때,
두 수의 차가 2면
답은 8!
외워 두면 쉬워요~

❈ 세로셈으로 나타내고 뺄셈을 하세요.

① 337 − 152

	[2]	[10]	
	3̶	3	7
−	1	5	2

⑤ 514 − 292

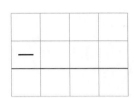

⑨ 715 − 462

② 457 − 195

	□	□	
	4	5	7
−	1	9	5

⑥ 718 − 323

⑩ 952 − 760

③ 842 − 581

	□	□	
	8	4	2
−	5	8	1

⑦ 824 − 572

⑪ 737 − 164

④ 645 − 371

	□	□	
	6	4	5
−	3	7	1

⑧ 926 − 484

⑫ 829 − 248

목표 시간 4분

뺄셈을 하세요.

세로셈으로 바꾸어 풀면 실수를 줄일 수 있어요.

❶ 425−283＝

❷ 559−362＝

❸ 678−495＝

❹ 765−593＝

❺ 867−393＝

❻ 634−191＝

❼ 718−422＝

❽ 865−471＝

❾ 708−271＝

❿ 927−153＝

친구들이 자주 틀리는 문제! 앗! 실수

⓫ 946−380＝

⓬ 827−672＝

❀ 뺄셈을 하세요.

①
```
  7 6 3
- 1 2 9
```

②
```
  5 1 5
- 2 6 2
```

③
```
  4 8 2
- 1 3 5
```

④
```
  6 8 7
- 3 9 4
```

⑤
```
  8 2 3
- 5 1 8
```

⑥
```
  5 6 7
- 1 8 1
```

⑦
```
  7 9 5
- 5 3 8
```

⑧
```
  9 6 7
- 6 4 8
```

⑨
```
  8 4 8
- 2 6 6
```

⑩
```
  9 1 2
- 2 5 0
```

앗! 실수

친구들이 자주 틀리는 문제

⑪
```
  8 2 6
- 1 1 9
```

⑫
```
  9 4 0
- 6 1 7
```

⑬
```
  6 5 2
- 3 8 2
```

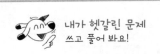
내가 헷갈린 문제 쓰고 풀어 봐요!

```
  -
```

목표 시간
3분

※ 빈칸에 알맞은 수를 써넣으세요.

1

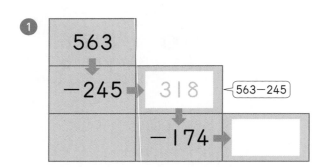

563 − 245

3

화살표 방향을 따라가며
두 수의 차를 구해 보세요.

계산해 보세요!

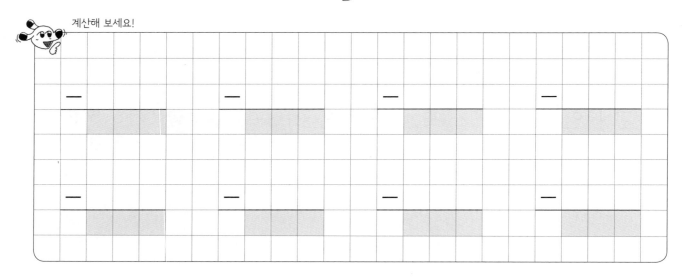

2

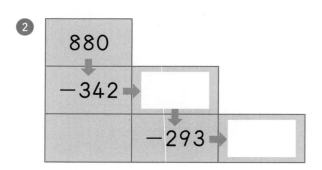

4

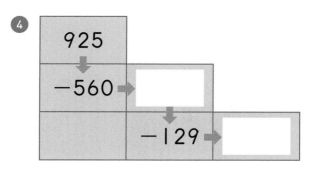

23 받아내림이 두 번 있는 뺄셈을 잘하는 게 핵심

❈ 뺄셈을 하세요.

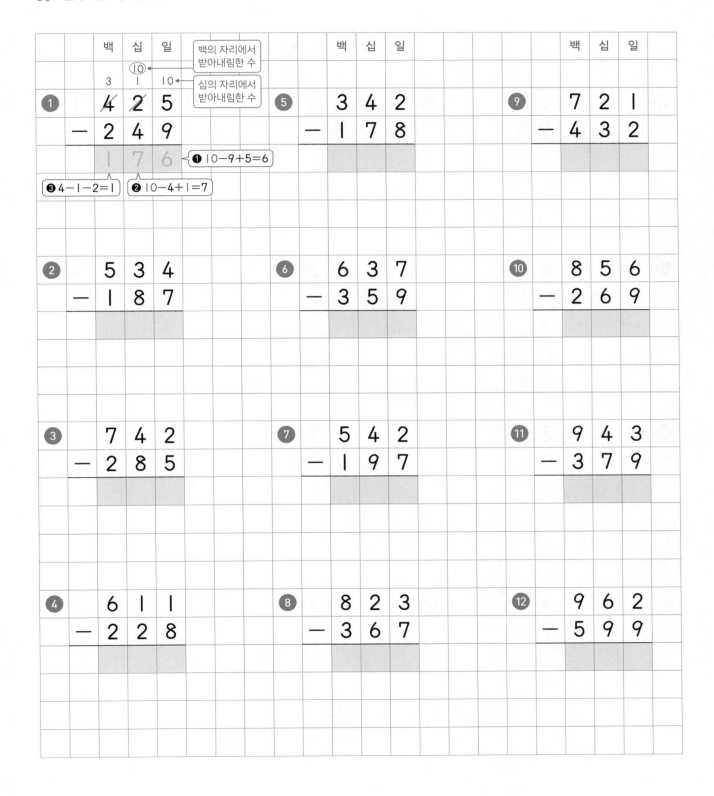

①
	백	십	일
	③⑩		
	3	1	10
	4̶	2̶	5
−	2	4	9
	1	7	6

백의 자리에서 받아내림한 수
십의 자리에서 받아내림한 수

❶ 10−9+5=6
❷ 10−4+1=7
❸ 4−1−2=1

②
	5	3	4
−	1	8	7

③
	7	4	2
−	2	8	5

④
	6	1	1
−	2	2	8

⑤
	백	십	일
	3	4	2
−	1	7	8

⑥
	6	3	7
−	3	5	9

⑦
	5	4	2
−	1	9	7

⑧
	8	2	3
−	3	6	7

⑨
	백	십	일
	7	2	1
−	4	3	2

⑩
	8	5	6
−	2	6	9

⑪
	9	4	3
−	3	7	9

⑫
	9	6	2
−	5	9	9

목표 시간 4분

❈ 뺄셈을 하세요.

일의 자리로 한 번, 십의 자리로 또 한 번!
두 번 받아내림해야 해요.

	백	십	일

①
```
   4 4 1
 - 1 7 9
```

⑤
```
   6 3 1
 - 4 5 3
```

⑨
```
   5 2 3
 - 1 3 8
```

②
```
   5 3 4
 - 2 6 5
```

⑥
```
   8 4 3
 - 5 9 5
```

⑩
```
   7 1 4
 - 3 5 8
```

③
```
   7 1 2
 - 4 4 5
```

⑦
```
   9 3 7
 - 5 6 9
```

⑪
```
   6 2 2
 - 1 7 3
```

④
```
   6 7 6
 - 2 8 9
```

⑧
```
   7 2 3
 - 2 8 5
```

⑫
```
   8 6 5
 - 3 7 6
```

24 실수 없게! 받아내림이 두 번 있는 뺄셈

목표 시간 4분

✳️ 뺄셈을 하세요.

	백	십	일				백	십	일				백	십	일
①	3	5	2		⑤		4	2	3		⑨		5	3	4
−	1	8	7		−		2	6	8		−		2	6	9

십의 자리에서 받아내림할 수 없으므로 백의 자리에서 받아내림해요.

	백	십	일				백	십	일				백	십	일
②	5	7	8		⑥		6	6	2		⑩		7	0	1
−	3	8	9		−		4	7	5		−		1	8	5

	백	십	일				백	십	일				백	십	일
③	6	4	2		⑦		7	1	3		⑪		9	0	0
−	3	7	9		−		5	2	7		−		2	6	9

(몇백)−(세 자리 수) 계산은 주의해요.

$$\begin{array}{r} 9 \\ 8\ \cancel{10}\ 10 \\ \cancel{9}\ 0\ 0 \\ -\ 2\ 6\ 9 \\ \hline 6\ 3\ 1 \end{array}$$

십의 자리에서 받아내림할 수 없으므로 백의 자리에서 받아내림한 수를 십의 자리 위에 작게 쓰고 다시 일의 자리로 받아내림해요.

	백	십	일				백	십	일
④	7	4	5		⑧		8	2	7
−	4	5	7		−		4	8	9

목표 시간 4분

🎗️ 뺄셈을 하세요.

여기까지 풀다니 정말 대단해요.
조금만 더 힘내요!

	백	십	일			백	십	일			백	십	일
❶	4	3	3		❺	6	1	4		❾	8	3	5
	− 1	5	9			− 2	5	8			− 6	7	6
❷	5	0	2		❻	7	2	0		❿	9	0	3
	− 2	7	9			− 2	8	4			− 7	1	6
❸	7	1	4		❼	8	2	2		⓫	7	1	6
	− 3	4	7			− 4	6	6			− 2	9	7
❹	8	4	5		❽	9	1	3		⓬	8	0	0
	− 1	6	9			− 5	2	4			− 5	7	8

친구들이 자주 틀리는 문제!   앗! 실수

(몇백)−(세 자리 수) 계산은
앞에서 배웠죠?
자신 있게 풀어 봐요!

25 세로셈으로 바꾸어 계산하자

✂ 세로셈으로 나타내고 **뺄셈**을 하세요.

❶ 323−136

같은 자리 수끼리 잘 맞추어 써야 해요.

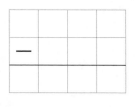

❺ 530−359

❾ 744−569

❷ 427−258

❻ 643−354

❿ 812−368

❸ 655−488

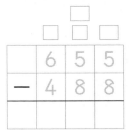

❼ 731−457

⓫ 911−622

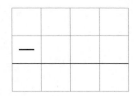

❹ 717−249

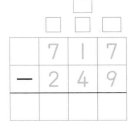

❽ 964−395

⓬ 806−288

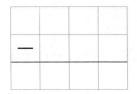

목표 시간 5분

✂ 뺄셈을 하세요.

세로셈으로 바꾸어 풀면 실수를 줄일 수 있어요.

① 317−159＝

② 430−255＝

③ 521−353＝

④ 642−257＝

⑤ 742−553＝

⑥ 901−675＝

앗! 실수 친구들이 자주 틀리는 문제

⑦ 812−725＝

⑧ 800−299＝

⑨ 900−397＝

⑩ 701−178＝

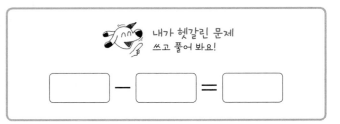

내가 헷갈린 문제 쓰고 풀어 봐요!

☐ − ☐ = ☐

 목표 시간 4분

뺄셈을 하세요.

①
```
  4 2 7
- 3 5 8
```

②
```
  7 5 8
- 2 7 9
```

③
```
  9 3 1
- 8 5 8
```

④
```
  6 1 2
- 4 3 7
```

⑤
```
  8 2 1
- 5 5 6
```

⑥
```
  5 2 6
- 2 7 7
```

⑦
```
  8 5 6
- 3 6 7
```

⑧
```
  7 2 5
- 4 3 6
```

⑨
```
  8 8 8
- 2 9 9
```

⑩
```
  7 2 3
- 3 6 5
```

앗! 실수

친구들이 자주 틀리는 문제

⑪
```
  8 1 6
- 3 1 9
```

⑫
```
  9 2 0
- 3 4 7
```

⑬
```
  6 0 3
- 3 8 5
```

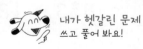 내가 헷갈린 문제 쓰고 풀어 봐요!

```
  ─
```

목표 시간 4분

✂ 두 수의 차가 [   ] 안의 수가 되도록 가로 또는 세로로 두 수를 묶어 보세요.

> 큰 수에서 작은 수를 빼야 해요.

1

두 수의 차: 268

487	426	541
128	158	🐶
🐶	188	164

2

두 수의 차: 527

853	137	🐶
🐶	932	724
912	385	613

3

두 수의 차: 246

692	368	614
634	🐶	372
365	389	🐶

4

두 수의 차: 148

🐶	540	532
161	309	312
878	🐶	999

목표 시간 4분

✂ □ 안에 알맞은 수를 써넣으세요.

1

치킨 3조각
654킬로칼로리

김밥 1인분
318킬로칼로리

*킬로칼로리는 열량을 나타내는 단위로
'kcal'라고 써요.

치킨 3조각과 김밥 1인분의 열량의 차이는

□ 킬로칼로리입니다.

2

우리나라에서 가장 높은 건물인 롯데월드타워의

높이는 555 m이고, 63빌딩은 249 m입니다.

두 건물의 높이의 차이는 □ m입니다.

3

2019

1년 365일 중 174일이 지나면 남은 날수는

□ 일입니다.

4

어린이 1명이 1시간 동안 운동할 때 사용하는

열량은 축구는 540킬로칼로리, 배드민턴은

346킬로칼로리입니다. 축구가 배드민턴보다

사용하는 열량이 □ 킬로칼로리 더 많습니다.

목표 시간 3분

고양이들이 실뭉치를 가지고 놀다가 놓쳤습니다. 고양이들의 실뭉치는 무엇일까요?
뺄셈식의 계산 결과가 적힌 실뭉치를 찾아 선으로 이어 보세요.

1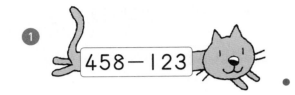
458 − 123

108

2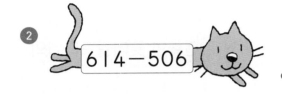
614 − 506

389

3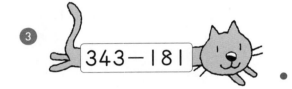
343 − 181

335

4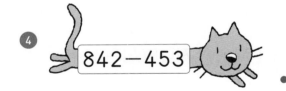
842 − 453

348

5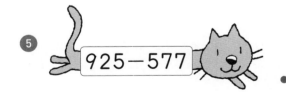
925 − 577

162

6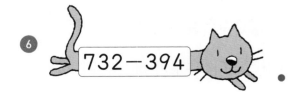
732 − 394

338

수고했어~
여기 꿀떡!

셋째마당 나눗셈

교과서 3. 나눗셈

오늘 공부한 단계를 색칠해 보세요!

28 29 30 31 32 33 34 35

☆ 나눗셈

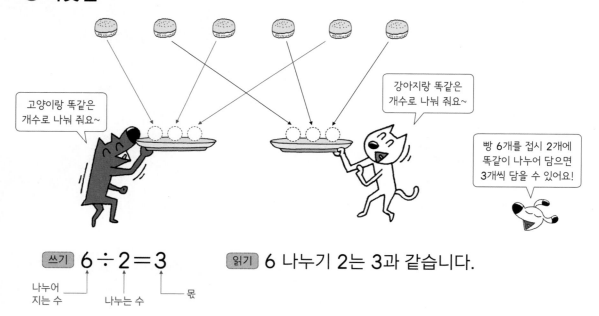

쓰기 $6 \div 2 = 3$

나누어
지는 수   나누는 수   몫

읽기 6 나누기 2는 3과 같습니다.

☆ 나눗셈의 몫 구하기

$6 \div 2 = \boxed{3}$

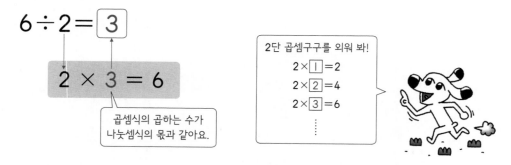

$2 \times 3 = 6$

곱셈식의 곱하는 수가
나눗셈식의 몫과 같아요.

2단 곱셈구구를 외워 봐!
$2 \times \boxed{1} = 2$
$2 \times \boxed{2} = 4$
$2 \times \boxed{3} = 6$
⋮

잠깐! 퀴즈 --

나눗셈식 15÷3＝5에서 몫은 어느 것일까요?

① 3   ② 5

✂ 나눗셈식을 쓰고 몫을 구하세요.

①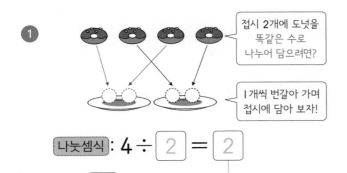

접시 2개에 도넛을 똑같은 수로 나누어 담으려면?

1개씩 번갈아 가며 접시에 담아 보자!

나눗셈식 : 4 ÷ 2 = 2

몫 : [ ]

② 접시 4개에 똑같이 나누어 담으려면?

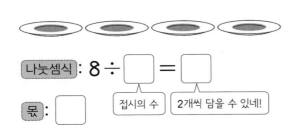

나눗셈식 : 8 ÷ [ ] = [ ]

몫 : [ ]

접시의 수   2개씩 담을 수 있네!

③ 접시 3개에 똑같이 나누어 담으려면?

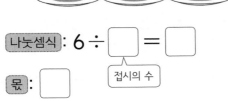

나눗셈식 : 6 ÷ [ ] = [ ]

몫 : [ ]

접시의 수

④ 케이크 10조각을 5조각씩 나누어 묶으면?

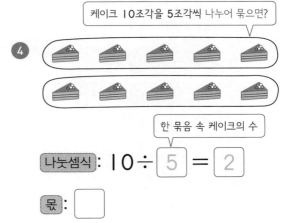

한 묶음 속 케이크의 수

나눗셈식 : 10 ÷ 5 = 2

몫 : [ ]

⑤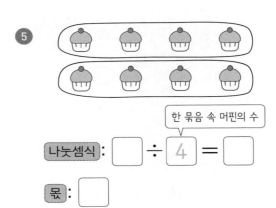

한 묶음 속 머핀의 수

나눗셈식 : [ ] ÷ 4 = [ ]

몫 : [ ]

⑥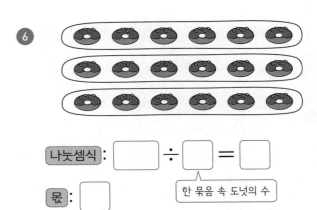

나눗셈식 : [ ] ÷ [ ] = [ ]

몫 : [ ]

한 묶음 속 도넛의 수

나눗셈의 원리를 이해하는 문제로, 나눗셈은 어떤 수에서
똑같은 수를 몇 번 뺄 수 있느냐를 간단히 나타낸 것입니다.
아래 그림을 보고 이해하도록 도와주세요.

목표 시간 2분

✂ 뺄셈식을 보고 나눗셈식으로 나타내세요.

①

6을 2씩 3번 빼면 0이 돼요.

$$6-2-2-2=\boxed{}$$
└─ 3번 ─┘

뺄셈식

➡ $6\div \boxed{2}=\boxed{3}$

빼는 수 / 빼는 횟수

나눗셈식

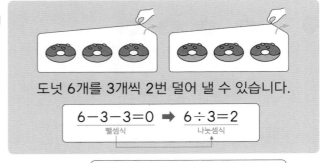

도넛 6개를 3개씩 2번 덜어 낼 수 있습니다.

$$6-3-3=0 \implies 6\div 3=2$$
뺄셈식 / 나눗셈식

0이 될 때까지 같은 수씩 덜어내는 뺄셈식은
나눗셈식으로 나타낼 수 있어요!

②

$$8-2-2-2-2=0$$
└─── 4번 ───┘

➡ $8\div \boxed{}=\boxed{}$

2씩 뺄 때 몇 번 만에 0이 되는 지
묻는 문제예요.
8÷4=2로 쓰지 않게 조심하세요.

⑤

$$30-6-6-6-6-6=\boxed{}$$

➡ $\boxed{}\div \boxed{}=\boxed{}$

③

$$12-6-6=0$$
└ 2번 ┘

➡ $\boxed{}\div \boxed{}=\boxed{}$

⑥

$$27-9-9-9=\boxed{}$$

➡ $\boxed{}\div \boxed{}=\boxed{}$

친구들이 자주 틀리는 문제! 앗! 실수

④

$$20-5-5-5-5=0$$
└─── 4번 ───┘

➡ $\boxed{}\div \boxed{}=\boxed{}$

⑦

$$32-8-8-8-8=\boxed{}$$

➡ $\boxed{}\div \boxed{}=\boxed{}$

목표 시간 **3분**

✿ 곱셈식을 보고 2개의 나눗셈식으로 나타내세요.

① $2 \times 6 =$ ☐

$12 \div 2 =$ ☐
$12 \div 6 =$ ☐

곱셈식은 2개의
나눗셈식으로
나타낼 수 있어요.

● × ▲ = ■
┌ ■ ÷ ● = ▲
└ ■ ÷ ▲ = ●

⑤ $5 \times 7 =$ ☐

$35 \div$ ☐ $=$ ☐
$35 \div$ ☐ $=$ ☐

② $3 \times 5 = 15$

$15 \div$ ☐ $=$ ☐
$15 \div$ ☐ $=$ ☐

⑥ $4 \times 7 = 28$

$28 \div$ ☐ $=$ ☐
$28 \div$ ☐ $=$ ☐

③ $8 \times 2 = 16$

$16 \div$ ☐ $=$ ☐
$16 \div$ ☐ $=$ ☐

⑦ $9 \times 3 =$ ☐

☐ $\div$ ☐ $=$ ☐
☐ $\div$ ☐ $=$ ☐

④ $6 \times 8 = 48$

$48 \div$ ☐ $=$ ☐
$48 \div$ ☐ $=$ ☐

⑧ $6 \times 4 =$ ☐

☐ $\div$ ☐ $=$ ☐
☐ $\div$ ☐ $=$ ☐

※ 나눗셈식을 보고 2개의 곱셈식으로 나타내세요.

1

$$14 \div 2 = 7$$

$$2 \times \boxed{7} = \boxed{14}$$
$$7 \times \boxed{2} = \boxed{14}$$

나눗셈식도 2개의 곱셈식으로 나타낼 수 있어요.

■ ÷ ● = ▲
● × ▲ = ■
▲ × ● = ■

5

$$15 \div 3 = \boxed{}$$

$$3 \times \boxed{} = \boxed{}$$
$$\boxed{} \times 3 = \boxed{}$$

2

$$36 \div 4 = 9$$

$$4 \times \boxed{} = \boxed{}$$
$$9 \times \boxed{} = \boxed{}$$

6

$$24 \div 8 = \boxed{}$$

$$\boxed{} \times 3 = \boxed{}$$
$$3 \times \boxed{} = \boxed{}$$

3

$$42 \div 6 = 7$$

$$6 \times \boxed{} = \boxed{}$$
$$7 \times \boxed{} = \boxed{}$$

7

$$18 \div 9 = \boxed{}$$

$$9 \times \boxed{} = \boxed{}$$
$$\boxed{} \times 9 = \boxed{}$$

4

$$32 \div 8 = 4$$

$$8 \times \boxed{} = \boxed{}$$
$$4 \times \boxed{} = \boxed{}$$

친구들이 자주 틀리는 문제! 앗! 실수

8

$$63 \div 7 = \boxed{}$$

$$\boxed{} \times 9 = \boxed{}$$
$$9 \times \boxed{} = \boxed{}$$

30 곱셈식은 나눗셈식으로! 나눗셈식은 곱셈식으로!

✂ 곱셈식은 나눗셈식으로, 나눗셈식은 곱셈식으로 나타내세요.

① $2 \times 5 = 10$

$10 \div \boxed{} = \boxed{}$

$10 \div \boxed{} = \boxed{}$

곱셈식과 나눗셈식을 서로 바꿀 수 있어야 나눗셈의 몫도 빠르게 구할 수 있어요!

② $4 \times 7 = \boxed{}$

$\boxed{} \div \boxed{} = \boxed{}$

$\boxed{} \div \boxed{} = \boxed{}$

③ $7 \times 8 = \boxed{}$

$\boxed{} \div \boxed{} = \boxed{}$

$\boxed{} \div \boxed{} = \boxed{}$

④ $8 \times 3 = \boxed{}$

$\boxed{} \div \boxed{} = \boxed{}$

$\boxed{} \div \boxed{} = \boxed{}$

⑤ $30 \div 5 = \boxed{}$

$5 \times \boxed{} = \boxed{}$

$6 \times \boxed{} = \boxed{}$

⑥ $28 \div 4 = \boxed{}$

$\boxed{} \times \boxed{} = \boxed{}$

$\boxed{} \times \boxed{} = \boxed{}$

⑦ $27 \div 9 = \boxed{}$

$\boxed{} \times \boxed{} = \boxed{}$

$\boxed{} \times \boxed{} = \boxed{}$

⑧ $54 \div 6 = \boxed{}$

$\boxed{} \times \boxed{} = \boxed{}$

$\boxed{} \times \boxed{} = \boxed{}$

목표 시간 4분

※ 곱셈식은 나눗셈식으로, 나눗셈식은 곱셈식으로 나타내세요.

❶ $3\times6=18$

$18\div3=6$

❷ $4\times8=\square$

❸ $6\times9=\square$

❹ $7\times6=\square$

❺ $14\div7=2$

$7\times2=14$

❻ $16\div2=\square$

❼ $45\div5=\square$

❽ $72\div8=\square$

목표 시간 3분

✂ □ 안에 알맞은 수를 써넣으세요.

① $4 \times 2 = 8 \Rightarrow 8 \div 4 = \boxed{2}$

② $5 \times 4 = 20 \Rightarrow 20 \div 5 = \boxed{}$

③ $4 \times 5 = 20 \Rightarrow 20 \div 4 = \boxed{}$

④ $9 \times 2 = 18 \Rightarrow 18 \div 9 = \boxed{}$

⑤ $7 \times 5 = 35 \Rightarrow 35 \div 7 = \boxed{}$

⑥ $6 \times 9 = 54 \Rightarrow 54 \div 6 = \boxed{}$

⑦ $3 \times 8 = \boxed{} \Rightarrow 24 \div 3 = \boxed{}$

⑧ $6 \times 6 = \boxed{} \Rightarrow 36 \div 6 = \boxed{}$

⑨ $9 \times 3 = \boxed{} \Rightarrow 27 \div 9 = \boxed{}$

⑩ $8 \times 6 = \boxed{} \Rightarrow 48 \div 8 = \boxed{}$

⑪ $6 \times 7 = \boxed{} \Rightarrow 42 \div 6 = \boxed{}$

⑫ $7 \times 8 = \boxed{} \Rightarrow 56 \div 7 = \boxed{}$

목표 시간 3분

❀ □ 안에 알맞은 수를 써넣으세요.

① $2 \times \boxed{4} = 8 \Rightarrow 8 \div 2 = \boxed{4}$

② $3 \times \boxed{} = 15 \Rightarrow 15 \div 3 = \boxed{}$

③ $5 \times \boxed{} = 10 \Rightarrow 10 \div 5 = \boxed{}$

④ $6 \times \boxed{} = 30 \Rightarrow 30 \div 6 = \boxed{}$

⑤ $7 \times \boxed{} = 21 \Rightarrow 21 \div 7 = \boxed{}$

⑥ $8 \times \boxed{} = 32 \Rightarrow 32 \div 8 = \boxed{}$

⑦ $7 \times \boxed{} = 49 \Rightarrow 49 \div 7 = \boxed{}$

⑧ $9 \times \boxed{} = 72 \Rightarrow 72 \div 9 = \boxed{}$

⑨ $5 \times \boxed{} = 40 \Rightarrow 40 \div 5 = \boxed{}$

⑩ $6 \times \boxed{} = 48 \Rightarrow 48 \div 6 = \boxed{}$

⑪ $4 \times \boxed{} = 36 \Rightarrow 36 \div 4 = \boxed{}$

⑫ $8 \times \boxed{} = 72 \Rightarrow 72 \div 8 = \boxed{}$

✂ □ 안에 알맞은 수를 써넣으세요.

① $14 \div 2 = \boxed{7}$

$2 \times 7 = 14$

② $16 \div 4 = \boxed{}$

$4 \times 4 = 16$

③ $35 \div 5 = \boxed{}$

$5 \times \boxed{} = 35$

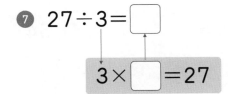

5단 곱셈구구에서 곱이
35인 수를 찾아봐요.

④ $63 \div 7 = \boxed{}$

$7 \times \boxed{} = 63$

⑤ $56 \div 8 = \boxed{}$

$8 \times \boxed{} = 56$

⑥ $18 \div 9 = \boxed{}$

$9 \times \boxed{} = 18$

⑦ $27 \div 3 = \boxed{}$

$3 \times \boxed{} = 27$

⑧ $45 \div 5 = \boxed{}$

$5 \times \boxed{} = 45$

⑨ $64 \div 8 = \boxed{}$

$8 \times \boxed{} = 64$

⑩ $42 \div 6 = \boxed{}$

$6 \times \boxed{} = 42$

목표 시간 4분

✂ 곱셈구구를 이용하여 나눗셈의 몫을 구하세요.

❶ $8 \div 4 =$

곱셈구구를 외자!
4단 곱셈구구를 외자!

❻ $27 \div 9 =$

⓫ $18 \div 2 =$

❷ $21 \div 7 =$

❼ $54 \div 6 =$

⓬ $24 \div 4 =$

❸ $36 \div 4 =$

❽ $40 \div 8 =$

⓭ $56 \div 8 =$

❹ $24 \div 3 =$

❾ $35 \div 7 =$

⓮ $45 \div 9 =$

❺ $42 \div 6 =$

❿ $81 \div 9 =$

⓯ $63 \div 7 =$

목표 시간
4분

✂ 나눗셈의 몫을 구하세요.

곱셈구구를 이용해서
나눗셈의 몫을 구하면 돼요~

① 4÷2 =

② 10÷2 =

③ 27÷3 =

④ 28÷4 =

⑤ 12÷6 =

⑥ 14÷7 =

⑦ 24÷8 =

⑧ 28÷7 =

⑨ 48÷8 =

⑩ 45÷5 =

⑪ 20÷5 =

⑫ 18÷3 =

⑬ 42÷6 =

⑭ 56÷7 =

⑮ 72÷9 =

목표 시간 4분

나눗셈의 몫을 구하세요.

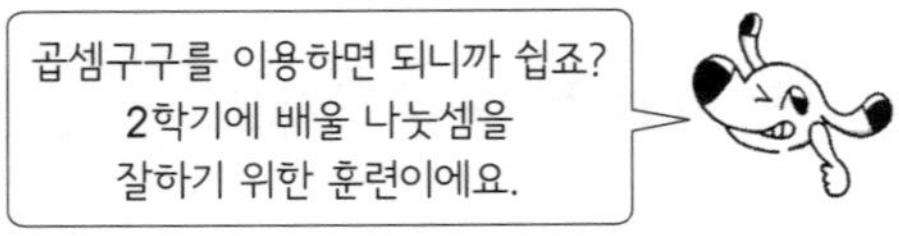
곱셈구구를 이용하면 되니까 쉽죠?
2학기에 배울 나눗셈을
잘하기 위한 훈련이에요.

① $20 \div 4 =$

② $32 \div 8 =$

③ $18 \div 9 =$

④ $48 \div 6 =$

⑤ $21 \div 3 =$

⑥ $15 \div 5 =$

⑦ $36 \div 4 =$

⑧ $21 \div 7 =$

⑨ $54 \div 6 =$

⑩ $49 \div 7 =$

⑪ $36 \div 9 =$

⑫ $63 \div 7 =$

⑬ $40 \div 8 =$

⑭ $42 \div 7 =$

⑮ $72 \div 9 =$

34 실수없게! 나눗셈의 몫 구하기

✂ 나눗셈의 몫을 구하세요.

① 24÷3＝

⑥ 54÷9＝

② 16÷8＝

⑦ 14÷2＝

③ 35÷7＝

⑧ 28÷7＝

④ 24÷6＝

⑨ 64÷8＝

⑤ 25÷5＝

⑩ 81÷9＝

앗! 실수

친구들이 자주 틀리는 문제

⑪ 56÷7＝

⑫ 63÷9＝

⑬ 72÷8＝

⑭ 42÷6＝

내가 헷갈린 문제
쓰고 풀어 봐요!

□ ÷ □ ＝ □

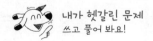

✂ 보기 와 같이 빈칸에 알맞은 수를 써넣으세요.

①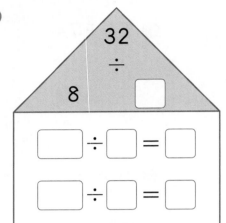

③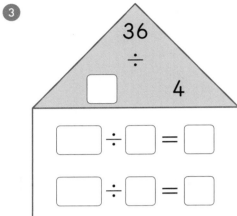

보기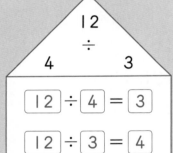

②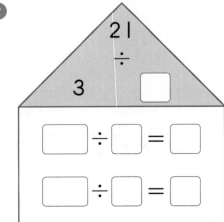

④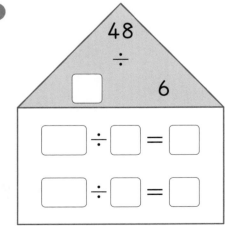

35 생활 속 연산 — 나눗셈

✂ 그림을 보고 ☐ 안에 알맞은 수를 써넣으세요.

1

케이크를 8조각으로 똑같이 잘랐습니다. 접시 4개에

똑같이 나누어 담으면 ☐ 조각씩 담을 수 있습니다.

2

쿠키 16개를 한 사람에게 2개씩 나누어 주면

☐ 명에게 나누어 줄 수 있습니다.

3

바구니에 감이 45개 있습니다. 한 봉지에 5개씩

나누어 담으면 ☐ 봉지가 됩니다.

4

리본 1개를 만드는 데 리본 테이프 9 cm가 필요합니다.

길이가 81 cm인 리본 테이프로 만들 수 있는 리본은

☐ 개입니다.

목표 시간 3분

강아지와 고양이가 풍선을 터뜨리는 게임을 하려고 합니다. 풍선 속 나눗셈의 몫과 일치하는 풍선을 찾아 ×표로 표시해 보세요.

1

2

넷째
마당

곱셈

교과서 4. 곱셈

오늘 공부한
단계를 색칠해
보세요!

36
37
38
39
40
41
42
43
44
45
46
47
48
49
50
51
52

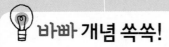 바빠 개념 쏙쏙!

☆ 올림이 없는 곱셈

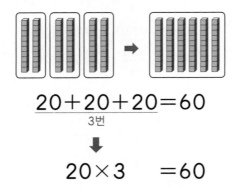

$$20+20+20=60$$
3번

↓

$$20 \times 3 = 60$$

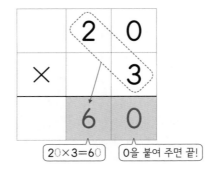

$20 \times 3 = 60$ 0을 붙여 주면 끝!

☆ 올림이 있는 곱셈

① 십의 자리에서 올림이 있는 곱셈

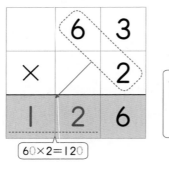

$60 \times 2 = 120$

십의 자리에서 올림한 수는 백의 자리에 바로 써요!

② 일의 자리에서 올림이 있는 곱셈

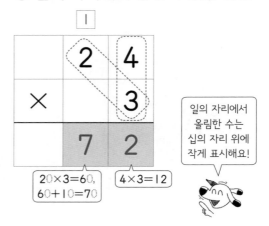

$20 \times 3 = 60$, $60 + 10 = 70$ $4 \times 3 = 12$

일의 자리에서 올림한 수는 십의 자리 위에 작게 표시해요!

 잠깐! 퀴즈

30×2는 3×2의 계산 결과에 0을 몇 개 붙여야 할까요?

① 1개   ② 10개

목표 시간
2분

❀ 곱셈을 하세요.

	백	십	일				백	십	일				백	십	일
①		2	0			⑤		4	0			⑨		6	0
	×		2				×		3				×		7
		4	0												

2×2=4 0을 붙여 줘요.

	백	십	일			백	십	일			백	십	일
②		2	0		⑥		4	0		⑩		7	0
	×		4			×		8			×		5

	백	십	일			백	십	일			백	십	일
③		3	0		⑦		5	0		⑪		8	0
	×		5			×		3			×		6

3×5

	백	십	일			백	십	일			백	십	일
④		5	0		⑧		6	0		⑫		9	0
	×		4			×		9			×		3

먼저 0부터 쓰고 계산하면 쉬워요.

목표 시간 **2분**

곱셈을 하세요.

	백	십	일

❶
```
    2 0
  ×   6
```

❷
```
    4 0
  ×   3
```

❸
```
    3 0
  ×   8
```

❹
```
    4 0
  ×   7
```

❺
```
    4 0
  ×   4
```

❻
```
    6 0
  ×   5
```

❼
```
    7 0
  ×   3
```

❽
```
    5 0
  ×   9
```

❾
```
    7 0
  ×   7
```

❿
```
    6 0
  ×   8
```

친구들이 자주 틀리는 문제! 앗! 실수

⓫
```
    8 0
  ×   9
```

⓬
```
    9 0
  ×   6
```

37 (몇)×(몇)의 계산 결과에 0이 하나 더!

✖️ 곱셈을 하세요.

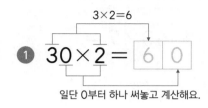

3×2=6

① 30×2 = 6 0

일단 0부터 하나 써놓고 계산해요.

⑦ 40×5 =

② 50×5 = ☐☐☐

0을 1개 먼저 쓰고
5×5의 계산 결과를 0 앞에 써 줘요.

⑧ 20×7 =

③ 40×8 =

⑨ 90×4 =

④ 80×3 =

⑩ 40×6 =

⑤ 30×9 =

⑪ 50×8 =

⑥ 60×6 =

⑫ 70×7 =

이 곱셈은 세로셈으로 풀지 마세요. 가로셈으로 바로 풀도록 지도해 주세요.

❀ 곱셈을 하세요.

일의 자리에 0을 1개 붙인 후 곱셈구구로 곱을 구하면 돼요. 간단하죠?

❶ $30 \times 3 =$

❷ $70 \times 4 =$

❸ $90 \times 5 =$

❹ $60 \times 4 =$

❺ $70 \times 9 =$

❻ $30 \times 6 =$

❼ $20 \times 8 =$

❽ $50 \times 9 =$

❾ $40 \times 9 =$

❿ $80 \times 9 =$

⓫ $60 \times 7 =$

⓬ $40 \times 3 =$

⓭ $60 \times 9 =$

⓮ $80 \times 6 =$

⓯ $90 \times 8 =$

38 올림이 없는 (몇십몇)×(몇)은 쉬워

✂ 곱셈을 하세요.

	백	십	일

①
```
      1   2
  ×       3
─────────────
      3   6
```
❷ 1×3=3   ❶ 2×3=6

②
```
      1   3
  ×       3
```
말풍선: 3×3=9와 10×3=30의 합과 같아요.

③
```
      2   4
  ×       2
```

④
```
      3   1
  ×       2
```

⑤
```
      1   1
  ×       8
```

⑥
```
      3   1
  ×       3
```

⑦
```
      4   1
  ×       2
```

⑧
```
      3   2
  ×       2
```

⑨
```
      1   2
  ×       4
```

⑩
```
      1   1
  ×       7
```

⑪
```
      2   2
  ×       3
```

⑫
```
      3   3
  ×       2
```

지금은 십의 자리부터 계산해도 되지만, 나중에 올림이 있는 곱셈을 생각해서 일의 자리부터 계산하는 습관을 들이는 게 좋습니다.

목표 시간 3분

✺ 곱셈을 하세요.

		십	일					십	일					십	일	
❶		1	1		❺		2	2			❾		1	1	
	×		2			×		2				×		5	

❷		2	1		❻		1	4			❿		2	3	
	×		2			×		2				×		3	

❸		2	3		❼		1	1			⓫		1	3	
	×		2			×		9				×		2	

❹		3	2		❽		4	2			⓬		4	3	
	×		3			×		2				×		2	

올림이 없는 (몇십몇)×(몇)을 빠르게

✂ 곱셈을 하세요.

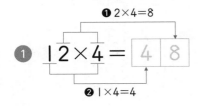

① 12×4 = [4][8]

② 11×4 = ☐☐

③ 21×3 =

④ 32×2 =

⑤ 22×4 =

⑥ 21×4 =

⑦ 13×2 =

⑧ 11×6 =

⑨ 22×3 =

⑩ 33×3 =

⑪ 11×7 =

⑫ 41×2 =

목표 시간
3분

😊 곱셈을 하세요.

올림이 없는 가로셈입니다.
만약 이 계산이 많이 어렵다면
곱셈구구부터 다시 외우고 와야 해요!

❶ $11 \times 2 =$

❷ $14 \times 2 =$

❸ $23 \times 2 =$

❹ $31 \times 3 =$

❺ $22 \times 2 =$

❻ $33 \times 2 =$

❼ $23 \times 3 =$

❽ $11 \times 8 =$

❾ $32 \times 3 =$

❿ $42 \times 2 =$

⓫ $12 \times 3 =$

⓬ $24 \times 2 =$

⓭ $11 \times 5 =$

⓮ $13 \times 3 =$

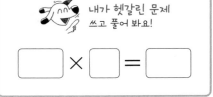

내가 헷갈린 문제
쓰고 풀어 봐요!

$\boxed{} \times \boxed{} = \boxed{}$

 **40** 십의 자리에서 올림한 수는 백의 자리에 써 (1)

✂ 곱셈을 하세요.

> 올림이 있는 곱셈 중 가장 쉬운 거예요.
> 십의 자리에서 올림한 수를 백의 자리에 쓰면
> 되니까 올림이 있어도 어렵지 않아요.

	백	십	일				백	십	일			백	십	일
❶		5	2			❺		3	1		❾		5	4
	×		3				×		5			×		2
	1	5	6											

❷ 5×3=15 ❶ 2×3=6

		백	십	일
❷			4	2
		×		4

> 십의 자리에서 올림한 수는
> 백의 자리에 바로 써요.

	백	십	일
❻		6	3
	×		2

	백	십	일
❿		7	3
	×		3

	백	십	일
❸		2	1
	×		8

	백	십	일
❼		4	1
	×		7

	백	십	일
⓫		8	2
	×		4

	백	십	일
❹		3	1
	×		6

	백	십	일
❽		7	2
	×		2

	백	십	일
⓬		9	1
	×		6

목표 시간
3분

※ 곱셈을 하세요.

	백	십	일			
❶		3	1	일의 자리부터 곱하고 있죠?	
	×		7		

❺		6	3
	×		3

❾		5	1
	×		8

❷		5	2
	×		4

❻		7	2
	×		4

❿		6	1
	×		6

❸		7	3
	×		2

❼		5	1
	×		7

⓫		6	3
	×		3

❹		8	2
	×		3

❽		4	1
	×		9

⓬		8	4
	×		2

목표 시간 3분

✂ 곱셈을 하세요.

	백	십	일				백	십	일				백	십	일	
❶		3	2			❺		2	1			❾		7	1	
	×		4				×		5				×		5	

❷		7	2			❻		5	1			❿		2	1	
	×		3				×		7				×		9	

친구들이 자주 틀리는 문제! 앗! 실수

❸		5	1			❼		6	2			⓫		3	1	
	×		9				×		4				×		8	

바로 답이 떠오르지 않는다면
3단 곱셈구구부터 완벽하게
외워와야 해요.

❹		7	4			❽		9	1			⓬		9	2	
	×		2				×		7				×		4	

❀ 세로셈으로 나타내고 곱셈을 하세요.

① 21×7

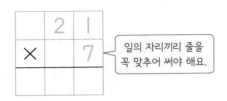

일의 자리끼리 줄을
꼭 맞추어 써야 해요.

⑤ 62×3

⑨ 41×7

② 51×6

⑥ 61×8

⑩ 92×3

③ 91×9

⑦ 81×5

⑪ 83×3

④ 52×4

⑧ 93×3

⑫ 73×3

❀ 곱셈을 하세요.

올림한 수를 바로 백의 자리에
쓰면 되니까 가로셈으로 풀어 보세요.

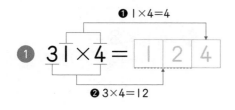

1 $31 \times 4 = \boxed{1}\ \boxed{2}\ \boxed{4}$

7 $82 \times 4 =$

2 $51 \times 3 = \boxed{\ \ }$

8 $62 \times 2 =$

3 $71 \times 8 =$

9 $63 \times 2 =$

4 $61 \times 7 =$

10 $72 \times 4 =$

5 $52 \times 3 =$

11 $43 \times 3 =$

6 $83 \times 2 =$

12 $94 \times 2 =$

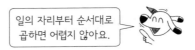

일의 자리부터 순서대로
곱하면 어렵지 않아요.

✂ 곱셈을 하세요.

① 51×9 =

② 32×4 =

③ 42×4 =

④ 53×3 =

⑤ 82×3 =

⑥ 41×5 =

⑦ 51×2 =

⑧ 61×5 =

⑨ 81×7 =

⑩ 61×6 =

⑪ 41×8 =

⑫ 74×2 =

⑬ 62×3 =

⑭ 92×3 =

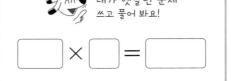

내가 헷갈린 문제
쓰고 풀어 봐요!

☐ × ☐ = ☐

목표 시간 3분

❋ 곱셈을 하세요.

①
```
    2 1
  ×   9
```

⑥
```
    6 3
  ×   2
```

②
```
    5 2
  ×   4
```

⑦
```
    4 1
  ×   7
```

③
```
    3 1
  ×   7
```

⑧
```
    6 3
  ×   3
```

④
```
    8 3
  ×   3
```

⑨
```
    7 2
  ×   3
```

⑤
```
    4 1
  ×   6
```

⑩
```
    9 2
  ×   4
```

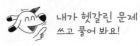

앗! 실수

친구들이 자주 틀리는 문제

⑪
```
    8 1
  ×   9
```

⑫
```
    6 1
  ×   7
```

⑬
```
    8 1
  ×   8
```

내가 헷갈린 문제
쓰고 풀어 봐요!

```
  ×
```

101

※ 가운데 있는 수와 바깥에 있는 수의 곱을 빈 곳에 써넣으세요.

곱셈 결과

1

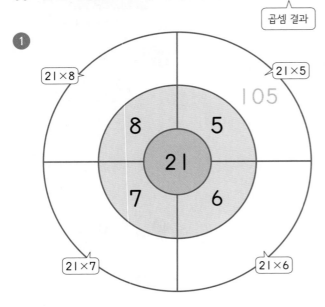

3

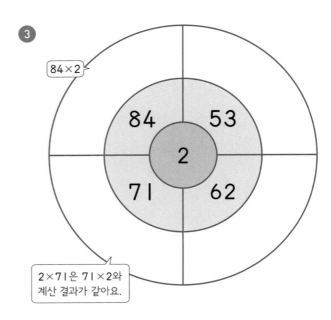

2×71은 71×2와 계산 결과가 같아요.

2

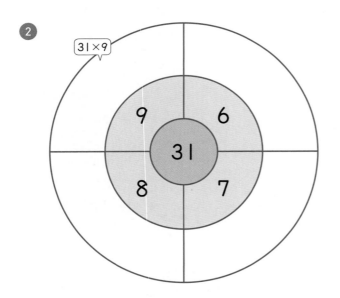

4

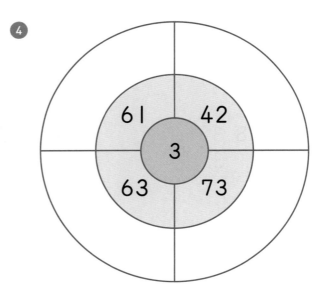

목표 시간 **3분**

※ 곱셈을 하세요.

	십	일

1
일의 자리에서 올림한 수

```
    ❷ 1
    1  5 ❶
  ×    3
  ─────────
    4  5
```

❷ 1×3=3, 3+1=4   ❶ 5×3=15

2
```
    2  6
  ×    2
  ─────────
```
2×2=4에 올림한 수 1을 더해요.

3
```
    1  7
  ×    5
  ─────────
```

4
```
    2  4
  ×    3
  ─────────
```

	십	일

5
```
    1  3
  ×    4
  ─────────
```

6
```
    3  7
  ×    2
  ─────────
```

7
```
    1  9
  ×    4
  ─────────
```

8
```
    2  8
  ×    2
  ─────────
```

	십	일

9
```
    1  6
  ×    4
  ─────────
```

10
```
    2  9
  ×    3
  ─────────
```

11
```
    3  5
  ×    2
  ─────────
```

12
```
    2  7
  ×    3
  ─────────
```

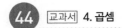
올림한 수를 암산으로 더해야 합니다. 암산이 빨리 되지 않는 문제는 한 번 더 풀어 보세요. 암산이 많이 어렵다면 《바쁜 1·2 학년을 위한 빠른 연산법-덧셈 편》으로 연산을 강화해 주세요.

✂ 곱셈을 하세요.

일의 자리에서 올림한 수는 십의 자리 위에 작게 쓴 후 십의 자리 곱에 더해 줘요.

		십	일					십	일					십	일	
❶		1	2			❺		1	9			❾		1	4	
	×		6				×		2				×		3	
❷		1	5			❻		2	5			❿		2	7	
	×		4				×		3				×		2	
❸		2	4			❼		3	6			⓫		4	8	
	×		4				×		2				×		2	
❹		1	8			❽		4	5			⓬		2	9	
	×		4				×		2				×		2	

목표 시간
3분

곱셈을 하세요.

> 일의 자리에서 올림한 수를
> 십의 자리 위에 작게 쓰면서 계산하세요.

	십	일
❶	1	6
×		3

	십	일
❺	2	6
×		2

	십	일
❾	2	7
×		3

	십	일
❷	2	8
×		2

	십	일
❻	1	8
×		5

	십	일
❿	4	6
×		2

친구들이 자주 틀리는 문제! 앗! 실수

	십	일
❸	1	6
×		5

	십	일
❼	1	4
×		6

	십	일
⓫	2	8
×		3

> 올림한 수를 더하는 것을
> 잊지 마세요.

	십	일
❹	1	3
×		7

	십	일
❽	3	9
×		2

	십	일
⓬	4	7
×		2

❀ 세로셈으로 나타내고 곱셈을 하세요.

1 16×4

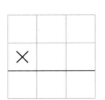

2 13×5

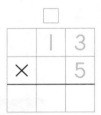

3 23×4

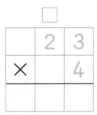

4 29×2

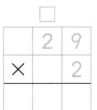

5 15×2

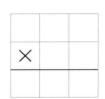

6 17×5

7 12×7

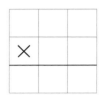

8 19×4

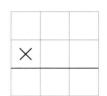

9 13×6

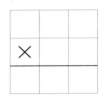

10 24×3

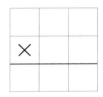

11 49×2

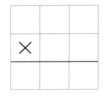

12 36×2

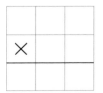

46 일의 자리에서 올림이 있는 곱셈을 빠르게

목표 시간 4분

곱셈을 하세요.

(몇십몇)×(몇)처럼 올림이 한 번 있는 곱셈은 가로셈으로도 풀 수 있어요.

❶ $27 \times 3 = 81$

❶ $7 \times 3 = 21$

❷ $2 \times 3 = 6$, $6 + 2 = 8$

올림한 수를 십의 자리 위에 작게 쓰고 계산해요.

❷ $17 \times 4 =$

❸ $35 \times 2 =$

❹ $24 \times 4 =$

❺ $38 \times 2 =$

❻ $45 \times 2 =$

❼ $14 \times 7 =$

❽ $25 \times 3 =$

❾ $14 \times 5 =$

❿ $14 \times 3 =$

⓫ $15 \times 4 =$

계산 속도가 빠르지 않아도 속상해 하지 마세요. 빨리 푸는 것보다 정확하게 푸는 게 더 중요해요.

⓬ $47 \times 2 =$

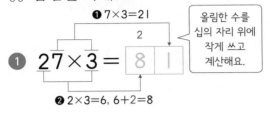

목표 시간
4분

❀ 곱셈을 하세요.

① 29×2=

② 23×4=

③ 16×6=

④ 37×2=

⑤ 17×5=

⑥ 19×5=

⑦ 16×5=

⑧ 24×3=

⑨ 29×3=

⑩ 15×6=

앗! 실수

친구들이 자주 틀리는 문제

⑪ 19×3=

⑫ 28×3=

⑬ 12×7=

⑭ 49×2=

내가 헷갈린 문제
쓰고 풀어 봐요!

☐ × ☐ = ☐

47 일의 자리에서 올림이 있는 곱셈 집중 연습

✂ 곱셈을 하세요.

①
```
  1 5
×   5
```

②
```
  1 8
×   4
```

③
```
  4 5
×   2
```

④
```
  2 5
×   3
```

⑤
```
  1 4
×   6
```

⑥
```
  1 2
×   6
```

⑦
```
  1 5
×   4
```

⑧
```
  2 6
×   3
```

⑨
```
  2 4
×   4
```

⑩
```
  3 9
×   2
```

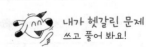
앗! 실수

친구들이 자주 틀리는 문제

⑪
```
  1 7
×   3
```

⑫
```
  1 3
×   7
```

⑬
```
  1 9
×   4
```

내가 헷갈린 문제
쓰고 풀어 봐요!

```
×
```

✂ 빈칸에 알맞은 수를 써넣으세요.

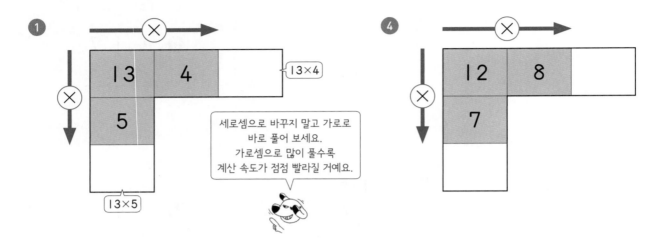

① 13×4, 13×5

세로셈으로 바꾸지 말고 가로로
바로 풀어 보세요.
가로셈으로 많이 풀수록
계산 속도가 점점 빨라질 거예요.

④ 12 8 7

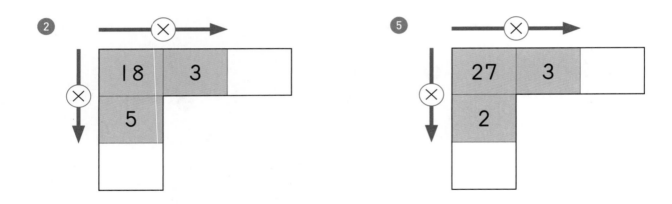

② 18 3 5

⑤ 27 3 2

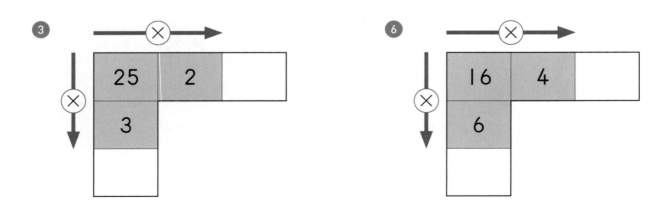

③ 25 2 3

⑥ 16 4 6

48 올림이 두 번 있는 곱셈

✖ 곱셈을 하세요.

> 일의 자리에서 한 번, 십의 자리에서
> 또 한 번, 올림이 두 번 있는 곱셈이에요.
> 집중해서 풀어 봐요.

	백	십	일			백	십	일			백	십	일	

일의 자리에서 올림한 수

①
$$\begin{array}{r} ❷2\ ❶7 \\ \times\quad 4 \\ \hline 1\ 0\ 8 \end{array}$$

❷ 2×4=8, 8+2=10 ❶ 7×4=28

②
$$\begin{array}{r} 3\ 9 \\ \times\quad 3 \\ \hline \end{array}$$

③
$$\begin{array}{r} 2\ 7 \\ \times\quad 5 \\ \hline \end{array}$$

④
$$\begin{array}{r} 3\ 6 \\ \times\quad 4 \\ \hline \end{array}$$

⑤
$$\begin{array}{r} 3\ 2 \\ \times\quad 6 \\ \hline \end{array}$$

⑥
$$\begin{array}{r} 4\ 5 \\ \times\quad 8 \\ \hline \end{array}$$

⑦
$$\begin{array}{r} 5\ 3 \\ \times\quad 5 \\ \hline \end{array}$$

⑧
$$\begin{array}{r} 6\ 3 \\ \times\quad 7 \\ \hline \end{array}$$

⑨
$$\begin{array}{r} 4\ 4 \\ \times\quad 5 \\ \hline \end{array}$$

⑩
$$\begin{array}{r} 8\ 6 \\ \times\quad 2 \\ \hline \end{array}$$

⑪
$$\begin{array}{r} 5\ 6 \\ \times\quad 7 \\ \hline \end{array}$$

⑫
$$\begin{array}{r} 7\ 4 \\ \times\quad 8 \\ \hline \end{array}$$

⚒ 곱셈을 하세요.

	백	십	일
①	2	3	
×		6	

일의 자리에서 올림한 수를
더해 주는 것을 잊지 마세요.

	백	십	일
②	4	2	
×		6	

	백	십	일
③	3	4	
×		5	

	백	십	일
④	5	9	
×		3	

	백	십	일
⑤	4	8	
×		3	

	백	십	일
⑥	6	3	
×		4	

	백	십	일
⑦	5	4	
×		8	

	백	십	일
⑧	2	6	
×		6	

	백	십	일
⑨	3	9	
×		4	

	백	십	일
⑩	9	3	
×		5	

☆
	백	십	일
⑪	8	2	
×		6	

	백	십	일
⑫	9	8	
×		7	

어려운 문제가 있으면
꼭 ☆ 표시를 하고
한 번 더 풀어야 해요.

49 올림이 두 번 있는 곱셈을 잘하는 게 핵심

목표 시간 4분

곱셈을 하세요.

곱셈에는 올림이 있고, 곱을 더하는 과정에서는 받아올림이 있어요! 실수하지 않도록 눈을 부릅뜨고 풀어 보세요!

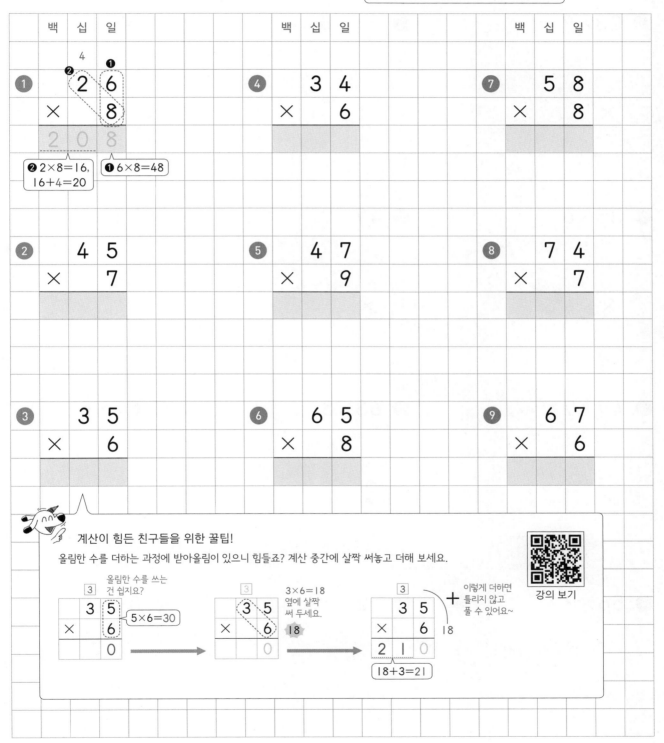

	백	십	일			백	십	일			백	십	일
❶		2	6		❹		3	4		❼		5	8
	×		8			×		6			×		8
	2	0	8										

❷ 2×8=16, 16+4=20   ❶ 6×8=48

	백	십	일			백	십	일			백	십	일
❷		4	5		❺		4	7		❽		7	4
	×		7			×		9			×		7

	백	십	일			백	십	일			백	십	일
❸		3	5		❻		6	5		❾		6	7
	×		6			×		8			×		6

계산이 힘든 친구들을 위한 꿀팁!

올림한 수를 더하는 과정에 받아올림이 있으니 힘들죠? 계산 중간에 살짝 써놓고 더해 보세요.

올림한 수를 쓰는 건 쉽지요?

③	3	5	5×6=30
×		6
		0

→

③	3	5
×		6	18
		0

3×6=18 옆에 살짝 써 두세요.

→

이렇게 더하면 틀리지 않고 풀 수 있어요~

③	3	5
×		6	18
2	1	0

18+3=21

강의 보기

113

목표 시간 4분

✂ 세로셈으로 나타내고 곱셈을 하세요.

① 23×9

⑤ 38×8
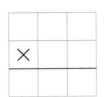

⑨ 67×9
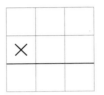

② 35×6

⑥ 47×9
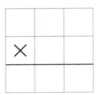

⑩ 78×8
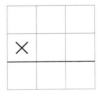

③ 47×7

⑦ 63×8
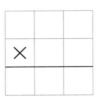

⑪ 85×6
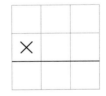

④ 56×9
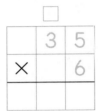

⑧ 72×7
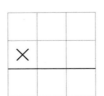

⑫ 89×8
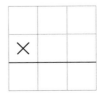

50 올림이 두 번 있는 곱셈을 빠르게

❀ 곱셈을 하세요.

올림이 있는 곱셈은 올림한 수를 주의하면
가로셈으로도 바로 풀 수 있어요.

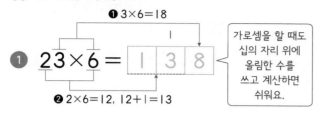

① 23×6 = ☐ 3 8

❶ 3×6=18
❷ 2×6=12, 12+1=13

가로셈을 할 때도
십의 자리 위에
올림한 수를
쓰고 계산하면
쉬워요.

② 37×4 =

③ 49×5 =

④ 58×3 =

⑤ 66×9 =

⑥ 83×4 =

⑦ 43×7 =

⑧ 58×7 =

⑨ 64×8 =

⑩ 69×8 =

⑪ 76×8 =

⑫ 89×7 =

115

목표 시간
5분

❀ 곱셈을 하세요.

> 세로셈으로 바꾸지 않고 풀려고 노력해 보세요.

1 $22 \times 9 =$

6 $34 \times 9 =$

2 $32 \times 8 =$

7 $48 \times 7 =$

3 $59 \times 5 =$

8 $69 \times 3 =$

4 $94 \times 5 =$

9 $63 \times 8 =$

5 $67 \times 7 =$

10 $88 \times 7 =$

앗! 실수

친구들이 자주 틀리는 문제

11 $26 \times 8 =$

12 $74 \times 7 =$

13 $68 \times 8 =$

14 $86 \times 6 =$

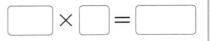

내가 헷갈린 문제 쓰고 풀어 봐요!

☐ × ☐ = ☐

51 올림이 두 번 있는 곱셈 집중 연습

✂ 곱셈을 하세요.

①
```
  3 5
×   4
```

②
```
  5 6
×   5
```

③
```
  8 4
×   4
```

④
```
  4 9
×   3
```

⑤
```
  6 2
×   7
```

⑥
```
  3 6
×   6
```

⑦
```
  6 5
×   8
```

⑧
```
  7 7
×   7
```

⑨
```
  8 8
×   8
```

⑩
```
  8 9
×   9
```

⑪
```
  7 9
×   7
```

⑫
```
  3 8
×   9
```

⑬
```
  6 7
×   8
```

 내가 헷갈린 문제
쓰고 풀어 봐요!

```
×
```

빈칸에 알맞은 수를 써넣으세요.

1 ⊗ →

46	3	46×3
72	7	72×7

2 ⊗ →

76	9	
98	3	

3 ⊗ →

58	6	
84	7	

4 ⊗ →

74	4	
65	8	

5 ⊗ →

92	5	
79	4	

화살표 방향으로
두 수의 곱을 구해 보세요.

🎋 그림을 보고 ☐ 안에 알맞은 수를 써넣으세요.

1

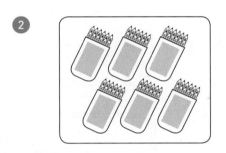

1판에 21개씩 포장되어 있는 메추리알을 5판

샀습니다. 산 메추리알은 모두 ☐ 개입니다.

2

연필 1타는 12자루입니다. 연필 6타에 들어 있는

연필은 ☐ 자루입니다.

3

민지네 가족은 1달에 9개의 화장지를 사용합니다.

민지네 가족이 1년 동안 사용하는 화장지는 ☐

개입니다.

1년=12달

4

1박스에 24개씩 들어 있는 음료수가 5박스 있습니다.

음료수는 모두 ☐ 개입니다.

119

꿀셈식이 모두 맞는 사다리를 올라야만 고양이가 지붕 위의 생선을 먹을 수 있어요. 고양이가 올라야할 사다리 번호에 ○표 하세요.

$15 \times 6 = 90$

$28 \times 8 = 204$

$32 \times 5 = 160$

$43 \times 4 = 82$

$36 \times 7 = 242$

$47 \times 3 = 141$

$17 \times 4 = 68$

$29 \times 5 = 145$

$14 \times 5 = 70$

① ② ③

어떤 사다리를 골라야
생선을 먹을 수 있을까?

다 풀었네~
정말 대단해!

오늘 공부한
단계를 색칠해
보세요!

💡 바빠 개념 쏙쏙!

⭐ 1 mm와 1 km

| 1 cm = 10 mm | 쓰기 | 1 mm | 읽기 | 1 밀리미터 |

23 cm 5 mm = 23 cm + 5 mm
          = 230 mm + 5 mm
          = 235 mm

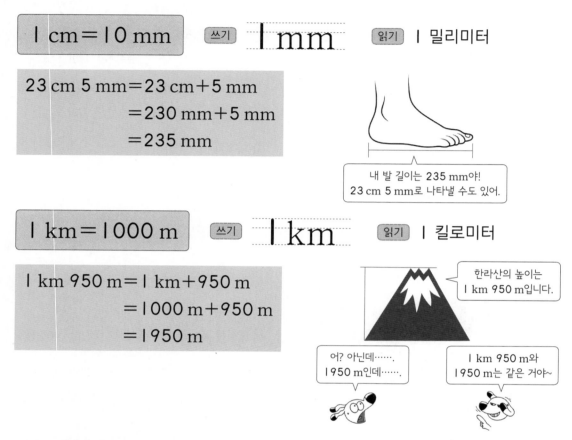

내 발 길이는 235 mm야!
23 cm 5 mm로 나타낼 수도 있어.

| 1 km = 1000 m | 쓰기 | 1 km | 읽기 | 1 킬로미터 |

1 km 950 m = 1 km + 950 m
          = 1000 m + 950 m
          = 1950 m

한라산의 높이는
1 km 950 m입니다.

어? 아닌데…….
1950 m인데…….

1 km 950 m와
1950 m는 같은 거야~

⭐ 1분보다 작은 단위 1초

1초는 시계의 초바늘이 작은 눈금 한 칸을 지나는 데 걸리는 시간입니다.

140초 = 60초 + 60초 + 20초
     = 2분 + 20초
     = 2분 20초

초바늘이 시계를 한 바퀴
도는 데 걸리는 시간이 60초!
60초를 1분이라고 해요.

| 초바늘 작은 눈금 한 칸 = 1초 |

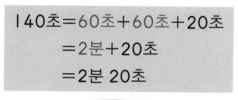

53 1 cm는 10 mm, 1 km는 1000 m

✂ □ 안에 알맞은 수를 써넣으세요.

① 1 cm = ⎡10⎤ mm

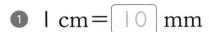

1 mm는 1 cm를 10칸으로
나누었을 때 1칸의 길이(■)입니다.

② 3 cm = ⎡ ⎤ mm

'밀리미터'라고 읽어요.

③ 2 cm 3 mm = ⎡ ⎤ mm

1 cm=10 mm이므로
2 cm 3 mm=20 mm+3 mm

④ 4 cm 8 mm = ⎡ ⎤ mm

⑤ 5 cm 3 mm = ⎡ ⎤ mm

⑥ 6 cm 1 mm = ⎡ ⎤ mm

⑦ 17 mm = ⎡ ⎤ cm ⎡ ⎤ mm

10 mm=1 cm이므로
17 mm=10 mm+7 mm

⑧ 24 mm = ⎡ ⎤ cm ⎡ ⎤ mm

⑨ 38 mm = ⎡ ⎤ cm ⎡ ⎤ mm

⑩ 47 mm = ⎡ ⎤ cm ⎡ ⎤ mm

⑪ 59 mm = ⎡ ⎤ cm ⎡ ⎤ mm

⑫ 65 mm = ⎡ ⎤ cm ⎡ ⎤ mm

목표 시간

2분

❀ ☐ 안에 알맞은 수를 써넣으세요.

① 2 km = 2000 m

'킬로미터'라고 읽어요.

② 5 km = ☐ m

③ 5 km 300 m = ☐ m

1 km = 1000 m이므로
5 km 300 m = 5000 m + 300 m

④ 4 km 800 m = ☐ m

⑤ 7 km 500 m = ☐ m

⑥ 8 km 20 m = ☐ m

1 km = 1000 m이므로
8 km 20 m = 8000 m + 20 m

⑦ 2700 m = ☐ km ☐ m

1000 m = 1 km이므로
2700 m = 2000 m + 700 m
= 2 km + 700 m

⑧ 3400 m = ☐ km ☐ m

⑨ 6700 m = ☐ km ☐ m

⑩ 8300 m = ☐ km ☐ m

친구들이 자주 틀리는 문제! 앗! 실수

⑪ 1050 m = ☐ km ☐ m

1000 m = 1 km이므로
1050 m = 1000 m + 50 m
= 1 km + 50 m

⑫ 9003 m = ☐ km ☐ m

 **54** 같은 길이 단위끼리 더하자

❀ 길이의 합을 구하세요.

①
$$
\begin{array}{r}
2\ \text{cm} \quad 3\ \text{mm} \\
+\ 1\ \text{cm} \quad 5\ \text{mm} \\
\hline
3\ \text{cm} \quad 8\ \text{mm}
\end{array}
$$

❷ 1+2=3 ❶ 3+5=8

②
$$
\begin{array}{r}
4\ \text{cm} \quad 6\ \text{mm} \\
+\ 3\ \text{cm} \quad 3\ \text{mm} \\
\hline
\boxed{}\ \text{cm} \quad \boxed{}\ \text{mm}
\end{array}
$$

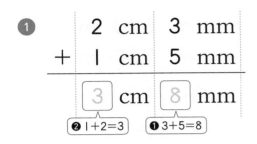

10 mm를 1 cm로 받아올림해 줘요.

mm끼리 더한 합이 10이거나 10보다 크면 10 mm를 1 cm로 받아올림하여 계산해요.

③
$$
\begin{array}{r}
2\ \text{cm} \quad 6\ \text{mm} \\
+\ 2\ \text{cm} \quad 7\ \text{mm} \\
\hline
\boxed{}\ \text{cm} \quad \boxed{}\ \text{mm}
\end{array}
$$

❷ 1+2+2=5 ❶ 6+7=13

④
$$
\begin{array}{r}
5\ \text{cm} \quad 9\ \text{mm} \\
+\ 1\ \text{cm} \quad 3\ \text{mm} \\
\hline
\boxed{}\ \text{cm} \quad \boxed{}\ \text{mm}
\end{array}
$$

⑤
$$
\begin{array}{r}
4\ \text{cm} \quad 6\ \text{mm} \\
+\ 3\ \text{cm} \quad 6\ \text{mm} \\
\hline
\boxed{}\ \text{cm} \quad \boxed{}\ \text{mm}
\end{array}
$$

⑥
$$
\begin{array}{r}
4\ \text{cm} \quad 7\ \text{mm} \\
+\ 2\ \text{cm} \quad 4\ \text{mm} \\
\hline
\boxed{}\ \text{cm} \quad \boxed{}\ \text{mm}
\end{array}
$$

⑦
$$
\begin{array}{r}
2\ \text{cm} \quad 5\ \text{mm} \\
+\ 3\ \text{cm} \quad 7\ \text{mm} \\
\hline
\boxed{}\ \text{cm} \quad \boxed{}\ \text{mm}
\end{array}
$$

⑧
$$
\begin{array}{r}
6\ \text{cm} \quad 8\ \text{mm} \\
+\ 1\ \text{cm} \quad 9\ \text{mm} \\
\hline
\boxed{}\ \text{cm} \quad \boxed{}\ \text{mm}
\end{array}
$$

⑨
$$
\begin{array}{r}
3\ \text{cm} \quad 4\ \text{mm} \\
+\ 2\ \text{cm} \quad 9\ \text{mm} \\
\hline
\boxed{}\ \text{cm} \quad \boxed{}\ \text{mm}
\end{array}
$$

⑩
$$
\begin{array}{r}
2\ \text{cm} \quad 8\ \text{mm} \\
+\ 5\ \text{cm} \quad 8\ \text{mm} \\
\hline
\boxed{}\ \text{cm} \quad \boxed{}\ \text{mm}
\end{array}
$$

목표 시간 3분

✿ 길이의 합을 구하세요.

①
```
    2 km  200 m
+   1 km  400 m
─────────────────
   [ ] km [    ] m
```
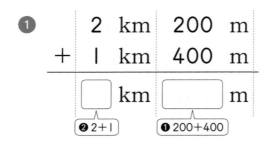
❷ 2+1   ❶ 200+400

②
```
    3 km  400 m
+   2 km  500 m
─────────────────
   [ ] km [    ] m
```

③
```
    3 km  600 m
+   4 km  700 m
─────────────────
   [ ] km [    ] m
```
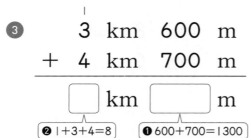
❷ 1+3+4=8   ❶ 600+700=1300

④
```
    5 km  700 m
+   1 km  500 m
─────────────────
   [ ] km [    ] m
```

⑤
```
    2 km  300 m
+   4 km  800 m
─────────────────
   [ ] km [    ] m
```

⑥
```
    1 km  800 m
+   2 km  700 m
─────────────────
   [ ] km [    ] m
```

⑦
```
    6 km  800 m
+   2 km  800 m
─────────────────
   [ ] km [    ] m
```

m끼리 더한 합이 1000이거나 1000보다 크면 1000 m를 1 km로 받아올림하여 계산해요.

⑧
```
    3 km  500 m
+   4 km  600 m
─────────────────
   [ ] km [    ] m
```

⑨
```
    1 km  600 m
+   6 km  700 m
─────────────────
   [ ] km [    ] m
```

⑩
```
    2 km  600 m
+   3 km  900 m
─────────────────
   [ ] km [    ] m
```

55 같은 길이 단위끼리 빼자

✂ 길이의 차를 구하세요.

mm끼리 뺄 수 없으면 10 mm를
받아내림하여 계산해요.

①   7 cm   8 mm
 −   3 cm   5 mm
     4 cm   3 mm

❷ 7−3=4   ❶ 8−5=3

②   6 cm   7 mm
 −   1 cm   3 mm
     ☐ cm   ☐ mm

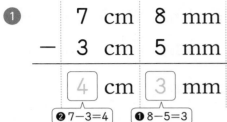

③   4   10
     5̷ cm   8 mm
 −   2 cm   9 mm
     ☐ cm   ☐ mm

1 cm를 10 mm로 받아내림해요.

❷ 5−1−2   ❶ 10−9+8

④   7 cm   3 mm
 −   2 cm   7 mm
     ☐ cm   ☐ mm

⑤   9 cm   4 mm
 −   5 cm   6 mm
     ☐ cm   ☐ mm

⑥   8 cm   2 mm
 −   2 cm   5 mm
     ☐ cm   ☐ mm

⑦   6 cm   1 mm
 −   3 cm   7 mm
     ☐ cm   ☐ mm

⑧   8 cm   6 mm
 −   5 cm   9 mm
     ☐ cm   ☐ mm

⑨   9 cm   7 mm
 −   4 cm   8 mm
     ☐ cm   ☐ mm

⑩   5 cm   5 mm
 −   1 cm   8 mm
     ☐ cm   ☐ mm

목표 시간 3분

길이의 차를 구하세요.

①

	4	km	800	m
−	1	km	300	m
	☐	km	☐	m

❷ 4−1 ❶ 800−300

②

	5	km	700	m
−	2	km	500	m
	☐	km	☐	m

③

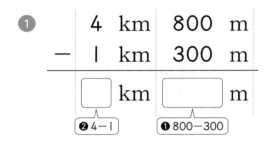

	5̶/6̶	km	500 (1000)	m
−	4	km	900	m
	☐	km	☐	m

❷ 6−1−4 ❶ 1000−900+500

m끼리 뺄 수 없으면 1 km를 1000 m로 받아내림하여 계산해요.

④

	8	km	400	m
−	5	km	800	m
	☐	km	☐	m

⑤

	9	km	600	m
−	3	km	700	m
	☐	km	☐	m

⑥

	5	km	300	m
−	1	km	700	m
	☐	km	☐	m

⑦

	7	km	200	m
−	3	km	600	m
	☐	km	☐	m

⑧

	8	km	200	m
−	3	km	900	m
	☐	km	☐	m

친구들이 자주 틀리는 문제! 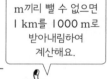 앗 실수

⑨

	9	km	500	m
−	3	km	550	m
	☐	km	☐	m

⑩

	7	km	700	m
−	1	km	950	m
	☐	km	☐	m

56 1분은 60초, 2분은 120초

✂ □ 안에 알맞은 수를 써넣으세요.

① 1분 = [   ]초

② 2분 = [   ]초

> 1분은 60초이고
> 2분은 60초를 2번 더한 시간과 같아요.

③ 5분 = [   ]초

④ 7분 = [   ]초

⑤ 1분 30초 = [   ]초

> 1분은 60초이므로
> 1분 30초 = 60초 + 30초

⑥ 2분 10초 = [   ]초

⑦ 3분 15초 = [   ]초

⑧ 4분 20초 = [   ]초

⑨ 5분 25초 = [   ]초

⑩ 6분 50초 = [   ]초

⑪ 8분 30초 = [   ]초

⑫ 9분 45초 = [   ]초

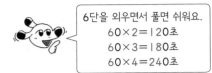

목표 시간 **2**분

✂ □ 안에 알맞은 수를 써넣으세요.

1 120초 = □ 분

> 60초+60초=1분+1분
> 60×2

2 180초 = □ 분

> 60초+60초+60초=1분+1분+1분
> 60×3

3 90초 = □ 분 □ 초

> 60초+30초

4 100초 = □ 분 □ 초

5 125초 = □ 분 □ 초

6 150초 = □ 분 □ 초

7 200초 = □ 분 □ 초

8 250초 = □ 분 □ 초

9 310초 = □ 분 □ 초

10 400초 = □ 분 □ 초

11 450초 = □ 분 □ 초

12 500초 = □ 분 □ 초

목표 시간
2분

❀ 시간의 합을 구하세요.

①
```
    2 분  10 초
+   3 분  15 초
─────────────
    5 분  25 초
```
❷ 2+3=5   ❶ 10+15=25

초는 초끼리,
분은 분끼리~
끼리끼리 더해요.

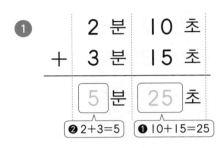

②
```
    3 분  20 초
+   4 분  25 초
─────────────
    □ 분   □ 초
```

③
```
    5 분  13 초
+   3 분  19 초
─────────────
    □ 분   □ 초
```

④
```
    6 분  15 초
+   5 분  35 초
─────────────
    □ 분   □ 초
```

⑤
```
   10 분  25 초
+   2 분  25 초
─────────────
    □ 분   □ 초
```

⑥
```
   14 분  27 초
+  12 분   3 초
─────────────
    □ 분   □ 초
```

⑦
```
   22 분   8 초
+  10 분  24 초
─────────────
    □ 분   □ 초
```

⑧
```
   28 분  25 초
+  25 분  15 초
─────────────
    □ 분   □ 초
```

⑨
```
   37 분  37 초
+  15 분   8 초
─────────────
    □ 분   □ 초
```

⑩
```
   16 분  18 초
+  39 분  24 초
─────────────
    □ 분   □ 초
```

시각과 시간을 헷갈리기 쉽습니다. 시각은 특정한 시점('시'로 표현)을 말하고, 시간은 시각과 시각 사이임을 알려 주세요.

목표 시간 **3분**

✹ 시간의 합을 구하세요.

(시각) + (시간) = (시각)

①

```
    3 시  12 분
+   1 시간 10 분
  [  ] 시  [  ] 분
```

❷ 3+1=4   ❶ 12+10=22

시간
1시간 10분 후
3시 12분 → 4시 22분
시각   시각

⑥ (시간) + (시간) = (시간)

```
    7 시간 20 분
+   3 시간 30 분
  [  ] 시간 [  ] 분
```

②

```
    2 시  23 분
+   1 시간 15 분
  [  ] 시  [  ] 분
```

⑦

```
   10 시간  5 분
+   2 시간 30 분
  [  ] 시간 [  ] 분
```

초→분→시 단위의 순서로, 같은 단위끼리 더해요.

③

```
    5 시  17 분  19 초
+   3 시간 23 분   5 초
  [  ] 시 [  ] 분 [  ] 초
```

⑧

```
    3 시간 27 분  12 초
+   4 시간 15 분  28 초
  [  ] 시간 [  ] 분 [  ] 초
```

④

```
    4 시   5 분  32 초
+   2 시간 18 분  13 초
  [  ] 시 [  ] 분 [  ] 초
```

⑨

```
    3 시간 20 분  17 초
+   5 시간 14 분  15 초
  [  ] 시간 [  ] 분 [  ] 초
```

⑤

```
    2 시  12 분  40 초
+   8 시간  8 분   5 초
  [  ] 시 [  ] 분 [  ] 초
```

⑩

```
   10 시간 15 분  48 초
+  11 시간 40 분  10 초
  [  ] 시간 [  ] 분 [  ] 초
```

58 60초는 1분, 60분은 1시간으로 받아올림하자

목표 시간
3분

❀ 시간의 합을 구하세요.

1

```
    3 분  45 초
+   2 분  20 초
─────────────
    5 분  65 초
```
1분 ← 60초 5초
➡ 6 분 5 초

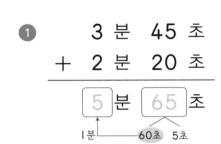

60초를 1분으로 받아올림하여 계산해요.

5

```
   15 분  48 초
+  12 분  27 초
─────────────
   ☐ 분  ☐ 초
```
➡ ☐ 분 ☐ 초

2

```
    2 분  40 초
+   4 분  30 초
─────────────
   ☐ 분  ☐ 초
```
➡ ☐ 분 ☐ 초

6

```
   18 분  32 초
+  21 분  46 초
─────────────
   ☐ 분  ☐ 초
```
➡ ☐ 분 ☐ 초

3

```
    3 분  55 초
+   4 분   8 초
─────────────
   ☐ 분  ☐ 초
```
➡ ☐ 분 ☐ 초

7

```
   27 분  43 초
+  12 분  34 초
─────────────
   ☐ 분  ☐ 초
```
➡ ☐ 분 ☐ 초

4

```
   10 분  25 초
+   5 분  38 초
─────────────
   ☐ 분  ☐ 초
```
➡ ☐ 분 ☐ 초

8

```
   31 분  19 초
+  19 분  50 초
─────────────
   ☐ 분  ☐ 초
```
➡ ☐ 분 ☐ 초

목표 시간 3분

😊 시간의 합을 구하세요.

①

$$\begin{array}{r} 2 \text{ 시} \quad 40 \text{ 분} \\ + \quad 1 \text{ 시간} \quad 30 \text{ 분} \\ \hline \boxed{3} \text{ 시} \quad \boxed{70} \text{ 분} \end{array}$$

1시간 ← 60분 10분

➡ ☐ 시 ☐ 분

②

$$\begin{array}{r} 2 \text{ 시} \quad 50 \text{ 분} \quad 12 \text{ 초} \\ + \quad 3 \text{ 시간} \quad 30 \text{ 분} \quad 6 \text{ 초} \\ \hline \boxed{} \text{ 시} \quad \boxed{} \text{ 분} \quad \boxed{} \text{ 초} \end{array}$$

➡ ☐ 시 ☐ 분 ☐ 초

③

$$\begin{array}{r} 3 \text{ 시} \quad 25 \text{ 분} \quad 19 \text{ 초} \\ + \quad 3 \text{ 시간} \quad 40 \text{ 분} \quad 4 \text{ 초} \\ \hline \boxed{} \text{ 시} \quad \boxed{} \text{ 분} \quad \boxed{} \text{ 초} \end{array}$$

➡ ☐ 시 ☐ 분 ☐ 초

④

$$\begin{array}{r} 2 \text{ 시} \quad 55 \text{ 분} \quad 27 \text{ 초} \\ + \quad 8 \text{ 시간} \quad 15 \text{ 분} \quad 3 \text{ 초} \\ \hline \boxed{} \text{ 시} \quad \boxed{} \text{ 분} \quad \boxed{} \text{ 초} \end{array}$$

➡ ☐ 시 ☐ 분 ☐ 초

⑤

$$\begin{array}{r} 1 \text{ 시간} \quad 20 \text{ 분} \\ + \quad 3 \text{ 시간} \quad 46 \text{ 분} \\ \hline \boxed{} \text{ 시간} \quad \boxed{} \text{ 분} \end{array}$$

➡ ☐ 시간 ☐ 분

⑥

$$\begin{array}{r} 4 \text{ 시간} \quad 49 \text{ 분} \quad 5 \text{ 초} \\ + \quad 1 \text{ 시간} \quad 30 \text{ 분} \quad 13 \text{ 초} \\ \hline \boxed{} \text{ 시간} \quad \boxed{} \text{ 분} \quad \boxed{} \text{ 초} \end{array}$$

➡ ☐ 시간 ☐ 분 ☐ 초

⑦

$$\begin{array}{r} 3 \text{ 시간} \quad 52 \text{ 분} \quad 13 \text{ 초} \\ + \quad 2 \text{ 시간} \quad 15 \text{ 분} \quad 30 \text{ 초} \\ \hline \boxed{} \text{ 시간} \quad \boxed{} \text{ 분} \quad \boxed{} \text{ 초} \end{array}$$

➡ ☐ 시간 ☐ 분 ☐ 초

• 친구들이 자주 틀리는 문제! 앗! 실수

⑧

$$\begin{array}{r} 5 \text{ 시간} \quad 33 \text{ 분} \quad 16 \text{ 초} \\ + \quad 4 \text{ 시간} \quad 57 \text{ 분} \quad 8 \text{ 초} \\ \hline \boxed{} \text{ 시간} \quad \boxed{} \text{ 분} \quad \boxed{} \text{ 초} \end{array}$$

➡ ☐ 시간 ☐ 분 ☐ 초

59 초끼리, 분끼리, 시끼리 빼자

❀ 시간의 차를 구하세요.

①

	3 분	20 초
−	2 분	5 초

	1 분	**15** 초
	❷ 3−2	❶ 20−5

⑥

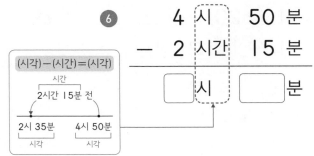

	4 시	50 분
−	2 시간	15 분

| | ⬚ 시 | ⬚ 분 |

(시각) − (시간) = (시각)

시간
2시간 15분 전
2시 35분   4시 50분
시각   시각

②

	5 분	30 초
−	4 분	20 초

| | ⬚ 분 | ⬚ 초 |

⑦

	5 시	42 분
−	4 시간	8 분

| | ⬚ 시 | ⬚ 분 |

> 초→분→시 단위의 순서로,
> 같은 단위끼리 빼요.

③

	20 분	42 초
−	5 분	15 초

| | ⬚ 분 | ⬚ 초 |

⑧

	6 시	15 분	10 초
−	2 시간	10 분	3 초

| | ⬚ 시 | ⬚ 분 | ⬚ 초 |
| | ❸ 6−2 | ❷ 15−10 | ❶ 10−3 |

④

	15 분	30 초
−	7 분	15 초

| | ⬚ 분 | ⬚ 초 |

⑨

	7 시	30 분	25 초
−	2 시간	15 분	10 초

| | ⬚ 시 | ⬚ 분 | ⬚ 초 |

⑤

	32 분	32 초
−	25 분	19 초

| | ⬚ 분 | ⬚ 초 |

⑩

	8 시	35 분	40 초
−	1 시간	18 분	15 초

| | ⬚ 시 | ⬚ 분 | ⬚ 초 |

시간의 차를 구하세요.

1

	4 시	20 분
−	1 시	10 분
	☐ 시간	☐ 분

(시각) − (시각) = (시간)

3시간 10분

1시 10분   4시 20분

❷ 4−1=3   ❶ 20−10=10

6

(시간) − (시간) = (시간)

	10 시간	42 분
−	3 시간	25 분
	☐ 시간	☐ 분

2

	5 시	30 분
−	3 시	15 분
	☐ 시간	☐ 분

7

	9 시간	47 분
−	4 시간	29 분
	☐ 시간	☐ 분

3

	3 시	38 분	40 초
−	1 시	15 분	15 초
	☐ 시간	☐ 분	☐ 초

8

	12 시간	15 분	30 초
−	10 시간	8 분	12 초
	☐ 시간	☐ 분	☐ 초

4

	6 시	23 분	20 초
−	4 시	12 분	8 초
	☐ 시간	☐ 분	☐ 초

9

	5 시간	28 분	24 초
−	3 시간	13 분	16 초
	☐ 시간	☐ 분	☐ 초

5

	4 시	40 분	51 초
−	3 시	25 분	35 초
	☐ 시간	☐ 분	☐ 초

10

	6 시간	50 분	30 초
−	3 시간	17 분	6 초
	☐ 시간	☐ 분	☐ 초

목표 시간 3분

60 1분은 60초, 1시간은 60분으로 받아내림하자

❀ 시간의 차를 구하세요.

①
$$\overset{3}{\cancel{4}} \text{ 분} \quad \overset{60}{30} \text{ 초}$$
$$- \quad 2 \text{ 분} \quad 50 \text{ 초}$$
$$\boxed{1} \text{ 분} \quad \boxed{40} \text{ 초}$$
❷ 4-1-2=1   ❶ 60-50+30=40

1분을 60초로 받아내림하여 계산해요.

⑥
$$\overset{2}{\cancel{3}} \text{ 시} \quad \overset{60}{40} \text{ 분}$$
$$- \quad 1 \text{ 시간} \quad 50 \text{ 분}$$
$$\boxed{} \text{ 시} \quad \boxed{} \text{ 분}$$
❷ 3-1-1=1   ❶ 60-50+40=50

1시간을 60분으로 받아내림하여 계산해요.

②
$$7 \text{ 분} \quad 25 \text{ 초}$$
$$- \quad 2 \text{ 분} \quad 40 \text{ 초}$$
$$\boxed{} \text{ 분} \quad \boxed{} \text{ 초}$$

⑦
$$4 \text{ 시} \quad 5 \text{ 분}$$
$$- \quad 2 \text{ 시간} \quad 13 \text{ 분}$$
$$\boxed{} \text{ 시} \quad \boxed{} \text{ 분}$$

③
$$15 \text{ 분} \quad 35 \text{ 초}$$
$$- \quad 10 \text{ 분} \quad 47 \text{ 초}$$
$$\boxed{} \text{ 분} \quad \boxed{} \text{ 초}$$

⑧
$$\overset{5}{\cancel{6}} \text{ 시} \quad \overset{60}{25} \text{ 분} \quad 30 \text{ 초}$$
$$- \quad 3 \text{ 시간} \quad 50 \text{ 분} \quad 14 \text{ 초}$$
$$\boxed{} \text{ 시} \quad \boxed{} \text{ 분} \quad \boxed{} \text{ 초}$$
❸ 6-1-3   ❷ 60-50+25   ❶ 30-14

④
$$20 \text{ 분} \quad 27 \text{ 초}$$
$$- \quad 15 \text{ 분} \quad 40 \text{ 초}$$
$$\boxed{} \text{ 분} \quad \boxed{} \text{ 초}$$

⑨
$$5 \text{ 시} \quad 40 \text{ 분} \quad 28 \text{ 초}$$
$$- \quad 1 \text{ 시간} \quad 55 \text{ 분} \quad 13 \text{ 초}$$
$$\boxed{} \text{ 시} \quad \boxed{} \text{ 분} \quad \boxed{} \text{ 초}$$

⑤
$$35 \text{ 분} \quad 12 \text{ 초}$$
$$- \quad 9 \text{ 분} \quad 30 \text{ 초}$$
$$\boxed{} \text{ 분} \quad \boxed{} \text{ 초}$$

⑩
$$9 \text{ 시} \quad 26 \text{ 분} \quad 6 \text{ 초}$$
$$- \quad 4 \text{ 시간} \quad 40 \text{ 분} \quad 5 \text{ 초}$$
$$\boxed{} \text{ 시} \quad \boxed{} \text{ 분} \quad \boxed{} \text{ 초}$$

목표 시간
4분

❀ 시간의 차를 구하세요.

①
```
     4 시   35 분
 －   2 시   45 분
```
☐ 시간 ☐ 분

⑥
```
     6 시간   23 분
 －   2 시간   45 분
```
☐ 시간 ☐ 분

②
```
     5 시    8 분
 －   3 시   45 분
```
☐ 시간 ☐ 분

⑦
```
     7 시간   35 분   18 초
 －   5 시간   58 분   10 초
```
☐ 시간 ☐ 분 ☐ 초

③
```
     6 시   15 분   30 초
 －   2 시   40 분   18 초
```
☐ 시간 ☐ 분 ☐ 초

⑧
```
     8 시간   25 분   55 초
 －   3 시간   45 분   50 초
```
☐ 시간 ☐ 분 ☐ 초

④
```
     8 시   20 분   37 초
 －   4 시   55 분   14 초
```
☐ 시간 ☐ 분 ☐ 초

⑨
```
     9 시간   30 분   48 초
 －   3 시간   44 분   30 초
```
☐ 시간 ☐ 분 ☐ 초

친구들이 자주 틀리는 문제! 앗! 실수

⑤
```
     9 시   34 분    8 초
 －   5 시   45 분    6 초
```
☐ 시간 ☐ 분 ☐ 초

⑩
```
    10 시간   30 분   55 초
 －   6 시간   35 분   45 초
```
☐ 시간 ☐ 분 ☐ 초

목표 시간
4분

※ 그림을 보고 ☐ 안에 알맞은 수를 써넣으세요.

①

한라산의 높이는 약 I km 950 m이고, 설악산은 약 I km 700 m입니다. 두 산의 높이의 합은 ☐ km ☐ m입니다.

②

텀블러의 길이는 18 cm 5 mm이고, 컵의 길이는 12 cm 8 mm입니다. 텀블러와 컵의 길이는 ☐ cm ☐ mm만큼 차이가 납니다.

③

서울역에서 오후 I시 30분에 출발한 KTX 열차는 2시간 40분 후인 오후 ☐ 시 ☐ 분에 부산역에 도착합니다.

④

운동회가 오전 9시 20분에 시작해서 낮 I2시 I0분에 끝났습니다. 운동회가 진행된 시간은 ☐ 시간 ☐ 분입니다.

목표 시간 4분

동물 친구들이 기차를 타고 여행을 가려고 합니다. 도착하는 데 걸리는 시간과 같은 시계를 찾아 선으로 이어 보세요.

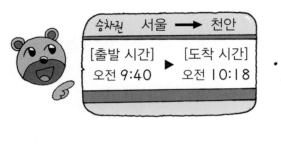

승차권 서울 → 천안

[출발 시간] ▶ [도착 시간]
오전 9:40   오전 10:18

1시간 6분

승차권 대전 → 서울

[출발 시간] ▶ [도착 시간]
오전 10:13   오전 11:19

31분

승차권 부산 → 서울

[출발 시간] ▶ [도착 시간]
오전 10:00   낮 12:42

38분

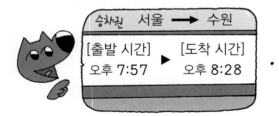

승차권 서울 → 수원

[출발 시간] ▶ [도착 시간]
오후 7:57   오후 8:28

2시간 23분

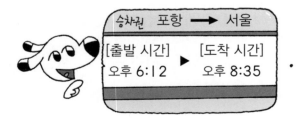

승차권 포항 → 서울

[출발 시간] ▶ [도착 시간]
오후 6:12   오후 8:35

2시간 42분

끝까지 풀다니! 너 정말 멋지다~

빠른 교과서 연산

바쁜
3학년을
위한

3-1 정답

스마트폰으로도 정답을 확인할 수 있어요!

맨날
노는데
수학 잘하는 너!
도대체 비결이
뭐야?

① 정답을 확인한 후 틀린 문제는 ☆표를 쳐 놓으세요~
② 그런 다음 연습장에 틀린 문제를 옮겨 적으세요.
③ 그리고 그 문제들만 한 번 더 풀어 보세요.

시간은 얼마 걸리지 않아요. 그러나 이때 실력이 확 붙는 거예요.
아는 문제를 여러 번 다시 푸는 건 시간 낭비예요.
틀린 문제만 모아서 풀면 아무리 바쁘더라도
이번 학기 수학은 걱정 없어요!

비결은
간단해!

첫째 마당 · 덧셈

01단계 ▶▶ 11쪽

① 358　② 470　③ 597　④ 868
⑤ 575　⑥ 686　⑦ 869　⑧ 979
⑨ 653　⑩ 979　⑪ 987　⑫ 969

01단계 ▶▶ 12쪽

① 677　② 679　③ 807　④ 849
⑤ 558　⑥ 795　⑦ 976　⑧ 883
⑨ 677　⑩ 939　⑪ 895　⑫ 968

02단계 ▶▶ 13쪽

① 376　② 392　③ 589　④ 878
⑤ 496　⑥ 988　⑦ 299　⑧ 678
⑨ 567　⑩ 786　⑪ 983　⑫ 777

02단계 ▶▶ 14쪽

① 496　② 578　③ 855　④ 797
⑤ 869　⑥ 788　⑦ 748　⑧ 686
⑨ 837　⑩ 868　⑪ 999　⑫ 977

03단계 ▶▶ 15쪽

① 563　② 390　③ 561　④ 581
⑤ 572　⑥ 684　⑦ 698　⑧ 794
⑨ 792　⑩ 881　⑪ 891　⑫ 975

03단계 ▶▶ 16쪽

① 360　② 781　③ 693　④ 892
⑤ 770　⑥ 555　⑦ 968　⑧ 893
⑨ 597　⑩ 981　⑪ 994　⑫ 876

04단계 ▶▶ 17쪽

①
```
    3 1 4
  + 2 1 8
    5 3 2
```
②
```
    2 2 9
  + 1 4 7
    3 7 6
```
③
```
    3 5 2
  + 2 0 8
    5 6 0
```
④
```
    5 2 4
  + 2 3 7
    7 6 1
```
⑤
```
    5 1 7
  + 2 3 6
    7 5 3
```
⑥
```
    4 3 5
  + 1 2 8
    5 6 3
```
⑦
```
    4 6 8
  + 3 2 7
    7 9 5
```
⑧
```
    6 5 4
  + 2 1 7
    8 7 1
```
⑨
```
    2 4 8
  + 5 3 2
    7 8 0
```
⑩
```
    6 0 6
  + 2 7 5
    8 8 1
```
⑪
```
    7 3 9
  + 2 5 3
    9 9 2
```
⑫
```
    5 5 6
  + 4 1 8
    9 7 4
```

04단계 ▶▶ 18쪽

① 240　② 382　③ 653　④ 566
⑤ 651　⑥ 787　⑦ 980　⑧ 725
⑨ 992　⑩ 780

05단계 ▶▶ 19쪽

① 436　② 527　③ 618　④ 623
⑤ 425　⑥ 648　⑦ 836　⑧ 979
⑨ 739　⑩ 907　⑪ 839　⑫ 867

05단계 ▶▶ 20쪽

① 425　② 619　③ 734　④ 878
⑤ 627　⑥ 777　⑦ 956　⑧ 919
⑨ 807　⑩ 857　⑪ 949　⑫ 815

06단계 ▶▶ 21쪽

①
```
    3 4 2
+   2 6 3
    6 0 5
```

⑤
```
    3 5 2
+   3 7 5
    7 2 7
```

⑨
```
    4 5 3
+   2 5 1
    7 0 4
```

②
```
    2 7 5
+   4 4 1
    7 1 6
```

⑥
```
    5 6 2
+   1 6 4
    7 2 6
```

⑩
```
    4 6 5
+   3 5 3
    8 1 8
```

③
```
    4 3 7
+   1 9 2
    6 2 9
```

⑦
```
    5 4 1
+   3 8 2
    9 2 3
```

⑪
```
    2 7 6
+   6 9 2
    9 6 8
```

④
```
    6 9 3
+   1 4 5
    8 3 8
```

⑧
```
    6 8 6
+   2 7 3
    9 5 9
```

⑫
```
    7 6 4
+   1 7 4
    9 3 8
```

06단계 ▶▶ 22쪽

① 307 ② 405 ③ 437 ④ 636

⑤ 656 ⑥ 848 ⑦ 818 ⑧ 739

⑨ 856 ⑩ 838 연습 949

07단계 ▶▶ 23쪽

① 434 ② 532 ③ 630 ④ 623

⑤ 721 ⑥ 742 ⑦ 743 ⑧ 814

⑨ 720 ⑩ 850 ⑪ 937 ⑫ 825

07단계 ▶▶ 24쪽

① 432 ② 513 ③ 621 ④ 736

⑤ 645 ⑥ 721 ⑦ 820 ⑧ 866

⑨ 643 ⑩ 921 ⑪ 901 ⑫ 922

08단계 ▶▶ 25쪽

① 411 ② 641 ③ 721 ④ 922

⑤ 710 ⑥ 757 ⑦ 945 ⑧ 900

⑨ 810 ⑩ 873 ⑪ 902 ⑫ 702

08단계 ▶▶ 26쪽

① 523 ② 517 ③ 642 ④ 620

⑤ 625 ⑥ 844 ⑦ 833 ⑧ 931

⑨ 914 ⑩ 940 ⑪ 990 ⑫ 872

09단계 ▶▶ 27쪽

①
```
    1 2 4
+   1 9 8
    3 2 2
```

⑤
```
    3 7 9
+   1 5 5
    5 3 4
```

⑨
```
    2 3 9
+   2 8 4
    5 2 3
```

②
```
    2 4 5
+   2 5 6
    5 0 1
```

⑥
```
    2 6 8
+   5 5 4
    8 2 2
```

⑩
```
    4 8 6
+   3 2 7
    8 1 3
```

③
```
    1 5 8
+   5 7 3
    7 3 1
```

⑦
```
    6 9 8
+   2 1 5
    9 1 3
```

⑪
```
    7 5 4
+   1 9 6
    9 5 0
```

④
```
    4 9 6
+   2 3 7
    7 3 3
```

⑧
```
    7 2 1
+   1 9 9
    9 2 0
```

⑫
```
    5 5 7
+   3 4 8
    9 0 5
```

09단계 ▶▶ 28쪽

① 422 ② 523 ③ 543 ④ 817

⑤ 930 ⑥ 922 ⑦ 703 ⑧ 905

⑨ 820 ⑩ 774

10단계 ▶ 29쪽

① 531 　② 611 　③ 716 　④ 433

⑤ 630 　⑥ 824 　⑦ 841 　⑧ 802

⑨ 913 　⑩ 930 　⑪ 604 　⑫ 816

⑬ 998

10단계 ▶ 30쪽

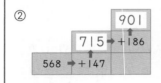

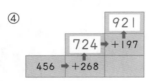

11단계 ▶ 31쪽

① 1222 　② 1022 　③ 1250 　④ 1141

⑤ 1220 　⑥ 1311 　⑦ 1324 　⑧ 1530

⑨ 1415 　⑩ 1421 　⑪ 1527 　⑫ 1712

11단계 ▶ 32쪽

① 1155 　② 1202 　③ 1324 　④ 1213

⑤ 1141 　⑥ 1528 　⑦ 1422 　⑧ 1415

⑨ 1681 　⑩ 1630 　⑪ 1601 　⑫ 1661

12단계 ▶ 33쪽

① 1110 　② 1330 　③ 1404 　④ 1446

⑤ 1541 　⑥ 1325 　⑦ 1231 　⑧ 1740

⑨ 1365 　⑩ 1104 　⑪ 1002 　⑫ 1003

12단계 ▶ 34쪽

① 1430 　② 1470 　③ 1321 　④ 1325

⑤ 1555 　⑥ 1603 　⑦ 1504 　⑧ 1840

⑨ 1426 　⑩ 1562 　⑪ 1756 　⑫ 1902

13단계 ▶ 35쪽

①
```
    1 1
    1 3 8
+   9 7 5
  1 1 1 3
```

⑤
```
    5 6 7
+   7 5 8
  1 3 2 5
```

⑨
```
    6 7 8
+   9 5 2
  1 6 3 0
```

②
```
    1 1
    2 7 5
+   9 3 6
  1 2 1 1
```

⑥
```
    7 5 9
+   2 8 9
  1 0 4 8
```

⑩
```
    8 9 4
+   5 8 7
  1 4 8 1
```

③
```
    1 1
    3 4 7
+   8 9 7
  1 2 4 4
```

⑦
```
    7 3 4
+   5 8 6
  1 3 2 0
```

⑪
```
    9 4 2
+   4 7 9
  1 4 2 1
```

④
```
    1 1
    4 8 9
+   6 2 5
  1 1 1 4
```

⑧
```
    8 9 9
+   2 1 3
  1 1 1 2
```

⑫
```
    8 8 7
+   8 2 4
  1 7 1 1
```

13단계 ▶ 36쪽

① 1321 　② 1132 　③ 1313 　④ 1316

⑤ 1652 　⑥ 1583 　⑦ 1302 　⑧ 1220

⑨ 1000 　⑩ 1065

14단계 ▶ 37쪽

① 1217 　② 1420 　③ 1331 　④ 1530

⑤ 1664 　⑥ 1223 　⑦ 1024 　⑧ 1505

⑨ 1232 　⑩ 1567 　⑪ 1000 　⑫ 1415

⑬ 1312

14단계 ▶ 38쪽

① 1234　② 1181　③ 1275　④ 1273

15단계 ▶ 39쪽

① 695　② 540　③ 322　④ 1137

15단계 ▶ 40쪽

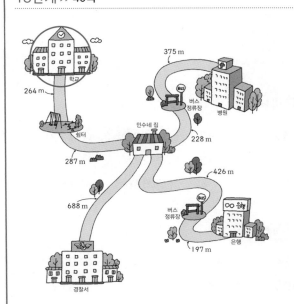

둘째 마당 · 뺄셈

16단계 ▶ 43쪽

① 152　② 217　③ 375　④ 224
⑤ 122　⑥ 141　⑦ 312　⑧ 408
⑨ 231　⑩ 211　⑪ 340　⑫ 324

16단계 ▶ 44쪽

① 352　② 257　③ 422　④ 555
⑤ 121　⑥ 532　⑦ 435　⑧ 412
⑨ 137　⑩ 224　⑪ 851　⑫ 250

17단계 ▶ 45쪽

① 212　② 118　③ 331　④ 202
⑤ 300　⑥ 421　⑦ 274　⑧ 326
⑨ 473　⑩ 447　⑪ 635　⑫ 556

17단계 ▶ 46쪽

① 142　② 163　③ 222　④ 494
⑤ 361　⑥ 632　⑦ 577　⑧ 553
⑨ 312　⑩ 462　⑪ 531　⑫ 614

18단계 ▶ 47쪽

① 127　② 224　③ 346　④ 337
⑤ 125　⑥ 247　⑦ 569　⑧ 416
⑨ 224　⑩ 419　⑪ 618　⑫ 544

18단계 ▶ 48쪽

① 216　② 119　③ 408　④ 328
⑤ 146　⑥ 407　⑦ 529　⑧ 667
⑨ 148　⑩ 207　⑪ 339

19단계 ▶ 49쪽

①

	1	10
3	2̸	4
− 1	1	6
2	0	8

⑤

4	7	0
− 1	2	5
3	4	5

⑨

7	8	5
− 4	2	6
3	5	9

② 〔4 10〕

```
    4 5̸ 0
  - 3 1 3
    1 3 7
```

⑥
```
    5 2 8
  - 4 1 9
    1 0 9
```

⑩
```
    8 3 7
  - 5 2 9
    3 0 8
```

③ 〔3 10〕
```
    2 4̸ 2
  - 1 2 5
    1 1 7
```

⑦
```
    9 3 3
  - 7 1 6
    2 1 7
```

⑪
```
    9 8 6
  - 4 3 8
    5 4 8
```

④ 〔6 10〕
```
    5 7̸ 1
  - 3 4 2
    2 2 9
```

⑧
```
    7 6 5
  - 5 3 8
    2 2 7
```

⑫
```
    9 1 4
  - 2 0 8
    7 0 6
```

② 〔3 10〕
```
    4̸ 5 7
  - 1 9 5
    2 6 2
```

⑥
```
    7 1 8
  - 3 2 3
    3 9 5
```

⑩
```
    9 5 2
  - 7 6 0
    1 9 2
```

③ 〔7 10〕
```
    8̸ 4 2
  - 5 8 1
    2 6 1
```

⑦
```
    8 2 4
  - 5 7 2
    2 5 2
```

⑪
```
    7 3 7
  - 1 6 4
    5 7 3
```

④ 〔5 10〕
```
    6̸ 4 5
  - 3 7 1
    2 7 4
```

⑧
```
    9 2 6
  - 4 8 4
    4 4 2
```

⑫
```
    8 2 9
  - 2 4 8
    5 8 1
```

19단계 ▶▶ 50쪽

① 118 ② 114 ③ 477 ④ 253
⑤ 606 ⑥ 529 ⑦ 308 ⑧ 459
⑨ 454 ⑩ 719 ⑪ 554 ⑫ 218

20단계 ▶▶ 51쪽

① 173 ② 274 ③ 245 ④ 482
⑤ 194 ⑥ 476 ⑦ 552 ⑧ 766
⑨ 196 ⑩ 223 ⑪ 295 ⑫ 275

20단계 ▶▶ 52쪽

① 195 ② 244 ③ 356 ④ 387
⑤ 281 ⑥ 362 ⑦ 433 ⑧ 643
⑨ 176 ⑩ 131 ⑪ 483

21단계 ▶▶ 53쪽

① 〔2 10〕
```
    3̸ 3 7
  - 1 5 2
    1 8 5
```

⑤
```
    5 1 4
  - 2 9 2
    2 2 2
```

⑨
```
    7 1 5
  - 4 6 2
    2 5 3
```

21단계 ▶▶ 54쪽

① 142 ② 197 ③ 183 ④ 172
⑤ 474 ⑥ 443 ⑦ 296 ⑧ 394
⑨ 437 ⑩ 774 ⑪ 566 ⑫ 155

22단계 ▶▶ 55쪽

① 634 ② 253 ③ 347 ④ 293
⑤ 305 ⑥ 386 ⑦ 257 ⑧ 319
⑨ 582 ⑩ 662 ⑪ 707 ⑫ 323
⑬ 270

22단계 ▶▶ 56쪽

① 563 →(-245)→ 318 →(-174)→ 144

③ 754 →(-428)→ 326 →(-184)→ 142

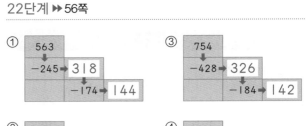

② 880 →(-342)→ 538 →(-293)→ 245

④ 925 →(-560)→ 365 →(-129)→ 236

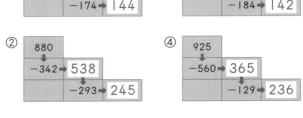

23단계 ▶▶ 57쪽

① 176 ② 347 ③ 457 ④ 383
⑤ 164 ⑥ 278 ⑦ 345 ⑧ 456
⑨ 289 ⑩ 587 ⑪ 564 ⑫ 363

23단계 ▶▶ 58쪽

① 262 ② 269 ③ 267 ④ 387
⑤ 178 ⑥ 248 ⑦ 368 ⑧ 438
⑨ 385 ⑩ 356 ⑪ 449 ⑫ 489

24단계 ▶▶ 59쪽

① 165 ② 189 ③ 263 ④ 288
⑤ 155 ⑥ 187 ⑦ 186 ⑧ 338
⑨ 265 ⑩ 516 ⑪ 631

24단계 ▶▶ 60쪽

① 274 ② 223 ③ 367 ④ 676
⑤ 356 ⑥ 436 ⑦ 356 ⑧ 389
⑨ 159 ⑩ 187 ⑪ 419 ⑫ 222

25단계 ▶▶ 61쪽

①
```
   2  1 10
  3  2  3
-  1  3  6
  1  8  7
```
⑤
```
  5  3  0
- 3  5  9
  1  7  1
```
⑨
```
  7  4  4
- 5  6  9
  1  7  5
```

②
```
   3  1 10
  4  2  7
- 2  5  8
  1  6  9
```

⑥
```
  6  4  3
- 3  5  4
  2  8  9
```
⑩
```
  8  1  2
- 3  6  8
  4  4  4
```

③
```
    5  4 10
   6  5  5
-  4  8  8
   1  6  7
```
⑦
```
  7  3  1
- 4  5  7
  2  7  4
```
⑪
```
  9  1  1
- 6  2  2
  2  8  9
```

④
```
    6  0 10
   7  1  7
-  2  4  9
   4  6  8
```
⑧
```
  9  6  4
- 3  9  5
  5  6  9
```
⑫
```
  8  0  6
- 2  8  8
  5  1  8
```

25단계 ▶▶ 62쪽

① 158 ② 175 ③ 168 ④ 385
⑤ 189 ⑥ 226 ⑦ 87 ⑧ 501
⑨ 503 ⑩ 523

26단계 ▶▶ 63쪽

① 69   ② 479 ③ 73   ④ 175
⑤ 265 ⑥ 249 ⑦ 489 ⑧ 289
⑨ 589 ⑩ 358 ⑪ 497 ⑫ 573
⑬ 218

26단계 ▶▶ 64쪽

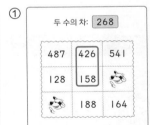

① 두 수의 차: 268

487	426	541
128	158	
	188	164

③ 두 수의 차: 246

692	368	614
634		372
365	389	

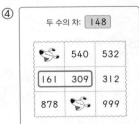

② 두 수의 차: 527

853	137	
	932	724
912	385	613

④ 두 수의 차: 148

	540	532
161	309	312
878		999

27단계 ▶▶ 65쪽

① 336 ② 306 ③ 191 ④ 194

27단계 ▶▶ 66쪽

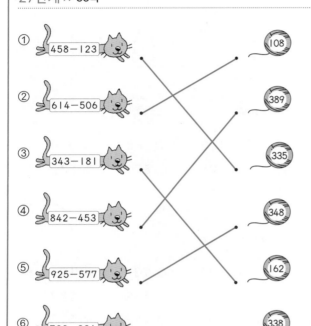

① 458−123
② 614−506
③ 343−181
④ 842−453
⑤ 925−577
⑥ 732−394

108
389
335
348
162
338

셋째 마당 · 나눗셈

28단계 ▶▶ 69쪽

① 2, 2 / 2 ② 4, 2 / 2 ③ 3, 2 / 2
④ 5, 2 / 2 ⑤ 8, 4, 2 / 2 ⑥ 18, 6, 3 / 3

28단계 ▶▶ 70쪽

① 0 / 2, 3 ② 2, 4 ③ 12, 6, 2
④ 20, 5, 4 ⑤ 0 / 30, 6, 5 ⑥ 0 / 27, 9, 3
⑦ 0 / 32, 8, 4

29단계 ▶▶ 71쪽

① 12 / 12, 2, 6 / 12, 6, 2
② 3, 5 / 5, 3 ③ 8, 2 / 2, 8
④ 6, 8 / 8, 6 ⑤ 35 / 5, 7 / 7, 5
⑥ 4, 7 / 7, 4
⑦ 27 / 27, 9, 3 / 27, 3, 9
⑧ 24 / 24, 6, 4 / 24, 4, 6

29단계 ▶▶ 72쪽

① 7, 14 / 2, 14 ② 9, 36 / 4, 36
③ 7, 42 / 6, 42 ④ 4, 32 / 8, 32
⑤ 5 / 5, 15 / 5, 15 ⑥ 3 / 8, 24 / 8, 24
⑦ 2 / 2, 18 / 2, 18 ⑧ 9 / 7, 63 / 7, 63

30단계 ▶▶ 73쪽

① 2, 5 / 5, 2
② 28 / 28, 4, 7 / 28, 7, 4
③ 56 / 56, 7, 8 / 56, 8, 7
④ 24 / 24, 8, 3 / 24, 3, 8
⑤ 6 / 6, 30 / 5, 30
⑥ 7 / 4, 7, 28 / 7, 4, 28
⑦ 3 / 9, 3, 27 / 3, 9, 27
⑧ 9 / 6, 9, 54 / 9, 6, 54

30단계 ▶▶ 74쪽

① 18÷3=6 / 18÷6=3
② 32 / 32÷4=8 / 32÷8=4
③ 54 / 54÷6=9 / 54÷9=6
④ 42 / 42÷7=6 / 42÷6=7
⑤ 7×2=14 / 2×7=14
⑥ 8 / 2×8=16 / 8×2=16

⑦ 9 / 5×9=45 / 9×5=45

⑧ 9 / 8×9=72 / 9×8=72

31단계 ▶▶ 75쪽

① 2　　② 4　　③ 5　　④ 2

⑤ 5　　⑥ 9　　⑦ 24, 8　　⑧ 36, 6

⑨ 27, 3　　⑩ 48, 6　　⑪ 42, 7　　⑫ 56, 8

31단계 ▶▶ 76쪽

① 4 / 4　　② 5 / 5　　③ 2 / 2

④ 5 / 5　　⑤ 3 / 3　　⑥ 4 / 4

⑦ 7 / 7　　⑧ 8 / 8　　⑨ 8 / 8

⑩ 8 / 8　　⑪ 9 / 9　　⑫ 9 / 9

32단계 ▶▶ 77쪽

① 7　　② 4　　③ 7 / 7

④ 9 / 9　　⑤ 7 / 7　　⑥ 2 / 2

⑦ 9 / 9　　⑧ 9 / 9　　⑨ 8 / 8

⑩ 7 / 7

32단계 ▶▶ 78쪽

① 2　　② 3　　③ 9　　④ 8　　⑤ 7

⑥ 3　　⑦ 9　　⑧ 5　　⑨ 5　　⑩ 9

⑪ 9　　⑫ 6　　⑬ 7　　⑭ 5　　⑮ 9

33단계 ▶▶ 79쪽

① 2　　② 5　　③ 9　　④ 7　　⑤ 2

⑥ 2　　⑦ 3　　⑧ 4　　⑨ 6　　⑩ 9

⑪ 4　　⑫ 6　　⑬ 7　　⑭ 8　　⑮ 8

33단계 ▶▶ 80쪽

① 5　　② 4　　③ 2　　④ 8　　⑤ 7

⑥ 3　　⑦ 9　　⑧ 3　　⑨ 9　　⑩ 7

⑪ 4　　⑫ 9　　⑬ 5　　⑭ 6　　⑮ 8

34단계 ▶▶ 81쪽

① 8　　② 2　　③ 5　　④ 4　　⑤ 5

⑥ 6　　⑦ 7　　⑧ 4　　⑨ 8　　⑩ 9

⑪ 8　　⑫ 7　　⑬ 9　　⑭ 7

34단계 ▶▶ 82쪽

① 4 / 32, 8, 4 / 32, 4, 8

② 7 / 21, 3, 7 / 21, 7, 3

③ 9 / 36, 9, 4 / 36, 4, 9

④ 8 / 48, 8, 6 / 48, 6, 8

35단계 ▶▶ 83쪽

① 2　　② 8　　③ 9　　④ 9

35단계 ▶▶ 84쪽

①

149

②

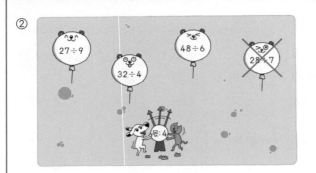

넷째 마당 · 곱셈

36단계 ▶▶87쪽

① 40   ② 80   ③ 150   ④ 200
⑤ 120   ⑥ 320   ⑦ 150   ⑧ 540
⑨ 420   ⑩ 350   ⑪ 480   ⑫ 270

36단계 ▶▶88쪽

① 120   ② 120   ③ 240   ④ 280
⑤ 160   ⑥ 300   ⑦ 210   ⑧ 450
⑨ 490   ⑩ 480   ⑪ 720   ⑫ 540

37단계 ▶▶89쪽

① 60   ② 250   ③ 320   ④ 240
⑤ 270   ⑥ 360   ⑦ 200   ⑧ 140
⑨ 360   ⑩ 240   ⑪ 400   ⑫ 490

37단계 ▶▶90쪽

① 90   ② 280   ③ 450   ④ 240
⑤ 630   ⑥ 180   ⑦ 160   ⑧ 450
⑨ 360   ⑩ 720   ⑪ 420   ⑫ 120
⑬ 540   ⑭ 480   ⑮ 720

38단계 ▶▶91쪽

① 36   ② 39   ③ 48   ④ 62   ⑤ 88
⑥ 93   ⑦ 82   ⑧ 64   ⑨ 48   ⑩ 77
⑪ 66   ⑫ 66

38단계 ▶▶92쪽

① 22   ② 42   ③ 46   ④ 96   ⑤ 44
⑥ 28   ⑦ 99   ⑧ 84   ⑨ 55   ⑩ 69
⑪ 26   ⑫ 86

39단계 ▶▶93쪽

① 48   ② 44   ③ 63   ④ 64   ⑤ 88
⑥ 84   ⑦ 26   ⑧ 66   ⑨ 66   ⑩ 99
⑪ 77   ⑫ 82

39단계 ▶▶94쪽

① 22   ② 28   ③ 46   ④ 93   ⑤ 44
⑥ 66   ⑦ 69   ⑧ 88   ⑨ 96   ⑩ 84
⑪ 36   ⑫ 48   ⑬ 55   ⑭ 39

40단계 ▶▶95쪽

① 156   ② 168   ③ 168   ④ 186
⑤ 155   ⑥ 126   ⑦ 287   ⑧ 144
⑨ 108   ⑩ 219   ⑪ 328   ⑫ 546

40단계 ▶▶96쪽

① 217   ② 208   ③ 146   ④ 246
⑤ 189   ⑥ 288   ⑦ 357   ⑧ 369
⑨ 408   ⑩ 366   ⑪ 189   ⑫ 168

150

41단계 ▶▶ 97쪽

① 128 ② 216 ③ 459 ④ 148
⑤ 105 ⑥ 357 ⑦ 248 ⑧ 637
⑨ 355 ⑩ 189 ⑪ 248 ⑫ 368

41단계 ▶▶ 98쪽

①
```
    2 1
×     7
  1 4 7
```
⑤
```
    6 2
×     3
  1 8 6
```
⑨
```
    4 1
×     7
  2 8 7
```

②
```
    5 1
×     6
  3 0 6
```
⑥
```
    6 1
×     8
  4 8 8
```
⑩
```
    9 2
×     3
  2 7 6
```

③
```
    9 1
×     9
  8 1 9
```
⑦
```
    8 1
×     5
  4 0 5
```
⑪
```
    8 3
×     3
  2 4 9
```

④
```
    5 2
×     4
  2 0 8
```
⑧
```
    9 3
×     3
  2 7 9
```
⑫
```
    7 3
×     3
  2 1 9
```

42단계 ▶▶ 99쪽

① 124 ② 153 ③ 568 ④ 427
⑤ 156 ⑥ 166 ⑦ 328 ⑧ 124
⑨ 126 ⑩ 288 ⑪ 129 ⑫ 188

42단계 ▶▶ 100쪽

① 459 ② 128 ③ 168 ④ 159
⑤ 246 ⑥ 205 ⑦ 102 ⑧ 305
⑨ 567 ⑩ 366 ⑪ 328 ⑫ 148
⑬ 186 ⑭ 276

43단계 ▶▶ 101쪽

① 189 ② 208 ③ 217 ④ 249
⑤ 246 ⑥ 126 ⑦ 287 ⑧ 189
⑨ 216 ⑩ 368 ⑪ 729 ⑫ 427
⑬ 648

43단계 ▶▶ 102쪽

①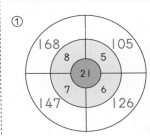
③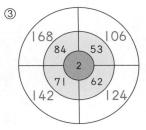

②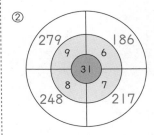
④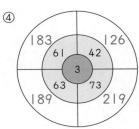

44단계 ▶▶ 103쪽

① 45 ② 52 ③ 85 ④ 72 ⑤ 52
⑥ 74 ⑦ 76 ⑧ 56 ⑨ 64 ⑩ 87
⑪ 70 ⑫ 81

44단계 ▶▶ 104쪽

① 72 ② 60 ③ 96 ④ 72 ⑤ 38
⑥ 75 ⑦ 72 ⑧ 90 ⑨ 42 ⑩ 54
⑪ 96 ⑫ 58

45단계 ▶▶ 105쪽

① 48　②56　③80　④91　⑤52
⑥90　⑦84　⑧78　⑨81　⑩92
⑪84　⑫94

45단계 ▶▶ 106쪽

46단계 ▶▶ 107쪽

① 81　② 2/68　③ 70　④ 96　⑤ 76
⑥ 90　⑦ 98　⑧ 75　⑨ 70　⑩ 42
⑪ 60　⑫ 94

46단계 ▶▶ 108쪽

① 58　② 92　③ 96　④ 74　⑤ 85
⑥ 95　⑦ 80　⑧ 72　⑨ 87　⑩ 90
⑪ 57　⑫ 84　⑬ 84　⑭ 98

47단계 ▶▶ 109쪽

① 75　② 72　③ 90　④ 75　⑤ 84
⑥ 72　⑦ 60　⑧ 78　⑨ 96　⑩ 78
⑪ 51　⑫ 91　⑬ 76

47단계 ▶▶ 110쪽

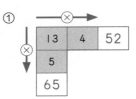
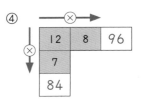
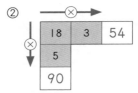
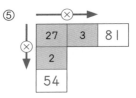
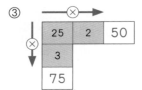
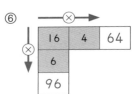

48단계 ▶▶ 111쪽

① 108　② 117　③ 135　④ 144
⑤ 192　⑥ 360　⑦ 265　⑧ 441
⑨ 220　⑩ 172　⑪ 392　⑫ 592

48단계 ▶▶ 112쪽

① 138　② 252　③ 170　④ 177
⑤ 144　⑥ 252　⑦ 432　⑧ 156
⑨ 156　⑩ 465　⑪ 492　⑫ 686

49단계 ▶▶ 113쪽

① 208　　② 315　　③ 210　　④ 204

⑤ 423　　⑥ 520　　⑦ 464　　⑧ 518

⑨ 402

49단계 ▶▶ 114쪽

①
```
      2
    2 3
  ×   9
  2 0 7
```

②
```
      3
    3 5
  ×   6
  2 1 0
```

③
```
      4
    4 7
  ×   7
  3 2 9
```

④
```
      5
    5 6
  ×   9
  5 0 4
```

⑤
```
    3 8
  ×   8
  3 0 4
```

⑥
```
    4 7
  ×   9
  4 2 3
```

⑦
```
    6 3
  ×   8
  5 0 4
```

⑧
```
    7 2
  ×   7
  5 0 4
```

⑨
```
    6 7
  ×   9
  6 0 3
```

⑩
```
    7 8
  ×   8
  6 2 4
```

⑪
```
    8 5
  ×   6
  5 1 0
```

⑫
```
    8 9
  ×   8
  7 1 2
```

50단계 ▶▶ 115쪽

① 138　　② 2 / 148　③ 245　　④ 174

⑤ 594　　⑥ 332　　⑦ 301　　⑧ 406

⑨ 512　　⑩ 552　　⑪ 608　　⑫ 623

50단계 ▶▶ 116쪽

① 198　　② 256　　③ 295　　④ 470

⑤ 469　　⑥ 306　　⑦ 336　　⑧ 207

⑨ 504　　⑩ 616　　⑪ 208　　⑫ 518

⑬ 544　　⑭ 516

51단계 ▶▶ 117쪽

① 140　　② 280　　③ 336　　④ 147

⑤ 434　　⑥ 216　　⑦ 520　　⑧ 539

⑨ 704　　⑩ 801　　⑪ 553　　⑫ 342

⑬ 536

51단계 ▶▶ 118쪽

①
×		
46	3	138
72	7	504

②
×		
76	9	684
98	3	294

③
×		
58	6	348
84	7	588

④
×		
74	4	296
65	8	520

⑤
×		
92	5	460
79	4	316

52단계 ▶▶ 119쪽

① 105　　② 72　　③ 108　　④ 120

52단계 ▶▶ 120쪽

15×6=90　28×8=204　32×5=160
43×4=82　36×7=242　47×3=141
17×4=68　29×5=145　14×5=70
①　②　③

다섯째 마당 · 길이와 시간

53단계 ▶▶ 123쪽

① 10　　　② 30　　　③ 23　　　④ 48

⑤ 53　　　⑥ 61　　　⑦ 1, 7　　　⑧ 2, 4

⑨ 3, 8　　⑩ 4, 7　　⑪ 5, 9　　⑫ 6, 5

53단계 ▶▶ 124쪽

① 2000　　　② 5000　　　③ 5300

④ 4800　　　⑤ 7500　　　⑥ 8020

⑦ 2, 700　　⑧ 3, 400　　⑨ 6, 700

⑩ 8, 300　　⑪ 1, 50　　⑫ 9, 3

54단계 ▶▶ 125쪽

① 3, 8　　　② 7, 9　　　③ 5, 3　　　④ 7, 2

⑤ 8, 2　　　⑥ 7, 1　　　⑦ 6, 2　　　⑧ 8, 7

⑨ 6, 3　　　⑩ 8, 6

54단계 ▶▶ 126쪽

① 3, 600　　② 5, 900　　③ 8, 300

④ 7, 200　　⑤ 7, 100　　⑥ 4, 500

⑦ 9, 600　　⑧ 8, 100　　⑨ 8, 300

⑩ 6, 500

55단계 ▶▶ 127쪽

① 4, 3　　　② 5, 4　　　③ 2, 9　　　④ 4, 6

⑤ 3, 8　　　⑥ 5, 7　　　⑦ 2, 4　　　⑧ 2, 7

⑨ 4, 9　　　⑩ 3, 7

55단계 ▶▶ 128쪽

① 3, 500　　② 3, 200　　③ 1, 600

④ 2, 600　　⑤ 5, 900　　⑥ 3, 600

⑦ 3, 600　　⑧ 4, 300　　⑨ 5, 950

⑩ 5, 750

56단계 ▶▶ 129쪽

① 60　　　② 120　　　③ 300　　　④ 420

⑤ 90　　　⑥ 130　　　⑦ 195　　　⑧ 260

⑨ 325　　⑩ 410　　⑪ 510　　⑫ 585

56단계 ▶▶ 130쪽

① 2　　　　② 3　　　　③ 1, 30

④ 1, 40　　⑤ 2, 5　　　⑥ 2, 30

⑦ 3, 20　　⑧ 4, 10　　　⑨ 5, 10

⑩ 6, 40　　⑪ 7, 30　　　⑫ 8, 20

57단계 ▶▶ 131쪽

① 5, 25　　② 7, 45　　　③ 8, 32

④ 11, 50　⑤ 12, 50　　⑥ 26, 30

⑦ 32, 32　⑧ 53, 40　　⑨ 52, 45

⑩ 55, 42

57단계 ▶▶ 132쪽

① 4, 22　　　　　　② 3, 38

③ 8, 40, 24　　　　④ 6, 23, 45

⑤ 10, 20, 45　　　⑥ 10, 50

⑦ 12, 35　　　　　⑧ 7, 42, 40

⑨ 8, 34, 32　　　　⑩ 21, 55, 58

58단계 ▶▶ 133쪽

① 5, 65 / 6, 5　　② 6, 70 / 7, 10
③ 7, 63 / 8, 3　　④ 15, 63 / 16, 3
⑤ 27, 75 / 28, 15　　⑥ 39, 78 / 40, 18
⑦ 39, 77 / 40, 17　　⑧ 50, 69 / 51, 9

58단계 ▶▶ 134쪽

① 3, 70 / 4, 10
② 5, 80, 18 / 6, 20, 18
③ 6, 65, 23 / 7, 5, 23
④ 10, 70, 30 / 11, 10, 30
⑤ 4, 66 / 5, 6
⑥ 5, 79, 18 / 6, 19, 18
⑦ 5, 67, 43 / 6, 7, 43
⑧ 9, 90, 24 / 10, 30, 24

59단계 ▶▶ 135쪽

① 1, 15　　② 1, 10　　③ 15, 27
④ 8, 15　　⑤ 7, 13　　⑥ 2, 35
⑦ 1, 34　　⑧ 4, 5, 7　　⑨ 5, 15, 15
⑩ 7, 17, 25

59단계 ▶▶ 136쪽

① 3, 10　　② 2, 15　　③ 2, 23, 25
④ 2, 11, 12　　⑤ 1, 15, 16　　⑥ 7, 17
⑦ 5, 18　　⑧ 2, 7, 18　　⑨ 2, 15, 8
⑩ 3, 33, 24

60단계 ▶▶ 137쪽

① 1, 40　　② 4, 45　　③ 4, 48
④ 4, 47　　⑤ 25, 42　　⑥ 1, 50
⑦ 1, 52　　⑧ 2, 35, 16　　⑨ 3, 45, 15
⑩ 4, 46, 1

60단계 ▶▶ 138쪽

① 1, 50　　② 1, 23　　③ 3, 35, 12
④ 3, 25, 23　　⑤ 3, 49, 2　　⑥ 3, 38
⑦ 1, 37, 8　　⑧ 4, 40, 5　　⑨ 5, 46, 18
⑩ 3, 55, 10

61단계 ▶▶ 139쪽

① 3, 650　　② 5, 7　　③ 4, 10　　④ 2, 50

61단계 ▶▶ 140쪽

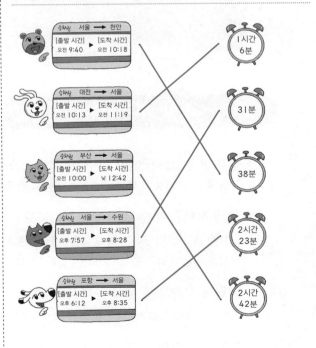

나 혼자 푼다! 수학 문장제

빈칸을 채우면 풀이가 완성된다! – 서술형 기본서

1학기 교과서 순서와 똑같아 공부하기 좋아요~

1~4학년 학기별 출간! | 각 권 값 9,000원

단계별 풀이 과정 훈련!
막막했던 풀이 과정을
손쉽게 익힌다!

> 따라 쓰며 익히기
> ↓
> 빈칸 채워 식 완성
> ↓
> 혼자 풀이 과정 완성

 주관식부터 서술형까지, 요즘 학교 시험 걱정 해결!

- **풀이 과정 쓰려면 많이 막막했지요?**
  요즘 학교 시험 풀이 과정을 손쉽게 연습할 수 있어요!

- **문제 자체가 무슨 말인지 모른다고요?**
  숫자에 동그라미, 구하는 것에 밑줄 치는 훈련을 통해
  문제를 꼼꼼히 읽고 빨리 이해하는 힘이 생겨요!

- **어떻게 문장제를 혼자 공부하냐고요?**
  대화식 도움말이 담겨 있어, 혼자 공부하기 좋아요!

- **주관식 서술형 시험도 잘 보고 싶어요?**
  개정된 1학기 대표 문장제 유형이 모두 한 권에!
  단원평가도 지필평가도 모두 자신이 생겨요!

막막하지 않아요!
빈칸을 채우면 풀이와 답 완성!